$\varepsilon\text{-}\delta$
論法から
トポロジーへ

永田雅嗣

まえがき

　雑誌「理系への数学」に一年間連載した記事を，このような形で本として出版する機会を与えてくださった現代数学社の方々に，まず感謝したいと思います．

　連載記事においてはページ数の制約もあり，主に「お話」を中心として書きましたので，具体的な問題を解くという段階に踏み込むことができませんでした．そこでこの本では，連載での「お話」中心という根本は保ちつつ，具体的な問題とその解答例やヒントなどを書き加えることによって，本来書きたかった内容はそのままに，読者の皆さんに問題を解く力もつけてもらえるようにと考えました．題材は，内容としては主に理系の大学生を念頭に置いて書きましたが，数学に興味のある高校生でも，少なくとも部分的には面白く読んでもらえるかもしれません．

　これは，標準的な教科書を目指したものではありません．むしろ，普通の教科書には書いていないことを書きたい，と思って作りました．一般的な大学一年の解析学の教科書には，いちおう $\varepsilon\delta$ 論法のことが書いてあることが多いですが，その場合にも形式的な定義が書いてあるだけだったり，ほんの少しの応用例が書いてあるだけだったりします．

　$\varepsilon\delta$ 論法をきちんと身につけるには，実はその人本人が相当の努力を注いでたくさんの問題に取り組んでからでないとできないので，時間も労力もかかるため，今どきの大学の一年の授業では少し雰囲気を紹介するだけに済ませて深入りはしない，ということが多いようです．

　この本は，その「相当の努力」の部分を省こうとする，という点はそれと同じなのですが，そこをできるだけ省いた上で，その「深入り」した後のことを中心に扱おうとしています．つまり，あまり細かいことは気にせずに，（時間と労力をかけて本当に身に付けたいならばあとでいくらで

もできますから）たくさんのことを説明なしで認めつつ，そこを飛び越えて $\varepsilon\delta$ 論法の実地の応用，とくに位相幾何学の分野での具体的な応用例を中心に紹介していきたいと思います．

　細かいことをたくさん省いてしまうのですから，これは標準的な教科書とは考えの向きが違います．ここでは，$\varepsilon\delta$ 論法を勉強し始めている人たちが，無味乾燥な形式的定義ばかりで何をやっているのか全然意味がわからないと思ってしまう前に，$\varepsilon\delta$ 論法が実際にはどんなことに使われるのか，位相幾何学の分野で，図形の幾何的性質（紙とはさみとのりで実際に模型を作って目で見て確かめられる性質）の中に，$\varepsilon\delta$ 論法がどんな風に息づいているのか，ということをお話ししていきたいと思います．

　無味乾燥に見える $\varepsilon\delta$ 論法の形式的な式の中から，図形の性質が顔をのぞかせるところを感じていただければ，と思っています．

2014 年 2 月　　　筆者

Contents

まえがき i

CHAPTER 1
つながっているか,つながっていないか 1

CHAPTER 2
穴のどちら側を通るか 13

CHAPTER 3
連続写像 25

CHAPTER 4
らせん階段を登る 38

CHAPTER 5
無限に延びる柱 51

CHAPTER 6
コンパクト性 64

CHAPTER 7
曲線を分類する 77

CHAPTER 8
曲面の分類を試みる 88

CHAPTER 9
　無限に拡がる曲面 ── 世界の果て ──────── 103

CHAPTER 10
　局所から大域へ ──────────────── 115

CHAPTER 11
　バンドル空間 ──────────────── 128

CHAPTER 12
　バンドル空間とホモトピー ─────────── 140

問題の解答とヒント ─────────────── 154

索引 ───────────────────── 214

CHAPTER 1
つながっているか，つながっていないか

　トポロジー（位相幾何学）では，図形の性質を調べるのが目的です．図形の性質にはいろいろありますが，つきつめて考えれば結局すべての事が「つながっているか，つながっていないか」という問題，つまり「連続性」の問題に結びついています．そこでこの本では，まず関数の連続性（いわゆる $\varepsilon\delta$ 論法）から始めて，それがどのようにして図形の性質に結びつくのかを見てゆき，それをもとに図形の個々の性質についての特徴づけをしたり，図形の分類に取り組んだり，といった話題にも目を向けていきたいと思います．ただし，いろいろな話題に話を進めつつも，「$\varepsilon\delta$ 論法からトポロジーへ」というタイトルを付けた以上，それぞれの問題が連続性に関わっているという視点だけは忘れないようにしたいと思います．

　$\varepsilon\delta$ 論法というのは大学（理科系）一年生の時に習うことが多いですが，「とっつきにくい」「意味がわからない」という悪評も多く，これのせいで解析学の勉強がイヤになった，という話もよく聞きます．でも，ちゃんとした意味を押さえて習いさえすれば，これが「不等式」というシンプルな数式によって深い内容を表現したものであって，とても強力な数学のツールであることがわかると思います．これを使いこなせるようになれば，それこそがその先のいろいろな話題を探究する時にも強い味方になってくれるはずです．また，これは図形の「局所的性質」と「大局的性質」の関係を調べるための道具となる手がかりでもあるのです．この点については今後の章を追って順々に例を挙げながら説明していきたいと

CHAPTER 1

思います．

　というわけで最初の章では，この $\varepsilon\delta$ 論法と，それが図形の性質においてどういう意味をあらわしているのか，ということについて説明してみたいと思います．大学の解析学の授業でいきなり $\varepsilon\delta$ 論法が出てきても，自分なりの意味のイメージさえ持っていれば，ちゃんと理解できて授業についていけるはずだと思います．

　さて，今も少し触れたように，$\varepsilon\delta$ 論法は「不等式」という数式を使って何らかの内容をあらわしたものです．不等式というのは数どうしの大小関係をあらわす式ですが，数学の議論においてはこれが「ある性質を持つ数の範囲」という概念をあらわすために使われます．例えば

$$-1 \leqq x \leqq 1$$

という不等式は，ただ単に -1 とか x とか 1 とかいう数の大小関係を意味しているだけではなくて，実は x という数が「-1 から 1 まで」という範囲を動く，ということをあらわそうとしているのです．

　そんな言い方をしてもたいした違いはない，と思うかもしれませんが，これから説明する $\varepsilon\delta$ 論法を正しく理解するためには，不等式をこの立場から読み取ることが何よりも重要なことになるのです．

　まず初めに，次の実例を考えてみましょう．これは，xy 平面の中で $y = \sin\left(\dfrac{1}{x}\right)$ のグラフと y 軸上 -1 から 1 までの線分とを合わせた図形です．

$$X = \left\{(x,\ y) \mid x \neq 0,\ y = \sin\left(\frac{1}{x}\right)\right\} \cup \{(x,\ y) \mid x = 0,\ -1 \leqq y \leqq 1\}$$

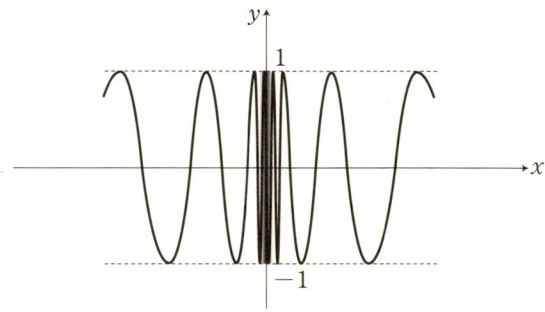

　この図形 X が「つながっているか，つながっていないか」を考えてみましょう．中央の線分の部分と，左右の曲線の部分とは，「交わって」いません．中央の線分では $x=0$ だし，曲線の部分では $x>0$ か $x<0$ のどちらかですから，共通部分がない（どちらにも同時に属する点がない）ので交わらないです．でも，左右の曲線の部分は，図を見てもわかるように中央の線分に向かって「限りなく近づいて」いますね．この「限りなく近づいて」というのは，はたして「つながっている」ことを意味するのでしょうか？ それとも「つながっていない」のでしょうか？

　それを正しく判断するための方法が，さきほど出てきた「範囲」という概念を使うことなのです．つまり，X の図全体をただぼうっと見ているのではなくて，ごく狭い範囲のみに注意を集中して観察することで，判断ができるのです．

　中央の線分の部分から，好きな一点を選んでみましょう．点 $(0, y)$，$-1 \leqq y \leqq 1$ です．この点のごく近く，半径 ε の円周の内部の範囲を考えて，その内部の範囲で何が起こっているかを観察します．（ここで ε はかなり小さな正の数ならば何でもかまいません．）図に書くと，次のようになります．

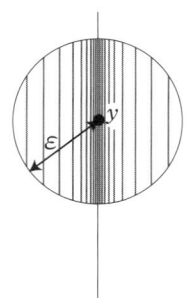

($y=-1$ や $y=1$ の場合には少し図の様相が異なりますが，それは自分で描いて確かめてみて下さい．）ここで考えている範囲を不等式であらわすと，

$$\{(p, q) \mid \sqrt{(p-0)^2+(q-y)^2} < \varepsilon\}$$

となります．定点 $(0, y)$ との距離が ε 未満であるような点をすべて集めた，そういう範囲を考えているからです．もとの図形 X 全体を見るのでなくて，X の点のうちでこの範囲に属するものだけを考えるわけです．さて，この範囲だけに注目して，その内部で図形 X がどうなっているかを見ると，ε が十分小さい正の数ならば，それは，線分が一つ中央にあって，それ以外に両側にたくさんの曲線の断片が（無限個）ばらばらに並んでいる，という形をしています．ばらばらに並んでいるのですから，もちろんこれは「つながっていない」ですね．ここでわかることは，この図形 X が**この一点の近くの範囲に限定すれば「つながっていない」**ということです．全体を眺めただけでは，曲線が限りなく線分に近づいているように見えて，つながっているかつながっていないかあいまいに感じられたかもしれませんが，観察を一点の近傍に制限することで（少なくとも局所的には）この図形が「つながっていない」ことが見て取れるのです．

今の例で，局所的にものごとを観察することの図形的意義に注目したわけですが，次にこのことが計算の際にどれほど強力になるかを示す例

題を解いてみましょう．まず，数列の収束を定義しましょう．数列とは，実数が並んでいるもののことです．並んでいる実数に，1, 2, 3, … と番号を付けます．つまり，
$$a_1, a_2, a_3, \cdots$$
が数列です．例えば $\frac{1}{2}, \left(\frac{1}{2}\right)^2, \left(\frac{1}{2}\right)^3, \cdots$ のようなものです．この数列に並んでいる数が，ある実数 α に「限りなく近づく」とき，この数列はその実数に**収束する**と言います．さきほどの例と同じように，この「限りなく近づく」という表現は「範囲」という考え方と強く結びついています．$a_1, a_2, a_3, \cdots$ が α に「限りなく近づく」ということは，「α の近くでどんなに狭い範囲に注目しても，いつかは（つまり十分先の番号 n では）a_n がその範囲に入る」ということです．

けれども，ここで間違えてはいけないことが一つあります．さきほどの図形 X の例を思い出して下さい．「その範囲に入る」といっても，飛び飛びに，ばらばらに入るだけでは「つながっていない」わけです．それと同じように，十分先の番号 n で a_n がその範囲に入るといっても，飛び飛びの番号 n でその範囲に入るだけではそこに「限りなく近づく」ことになりません．「十分先の番号 n では」というのは，「あるところから先の番号ではずっと」という意味でなければならないのです．数列の「収束」とは，列としてその数に限りなく近づくということであって，飛び飛びに列の一部分だけが近づくのでは「列として」近づくことになりません．

では，これを式であらわしましょう．「α の近くの狭い範囲」は，前の例と同じように
$$\{q \mid \sqrt{(q-\alpha)^2} < \varepsilon\}$$
（ε は小さい正の数）つまり
$$\{q \mid |q-\alpha| < \varepsilon\}$$
です．ある N から先の番号 n でずっと a_n がその範囲に入る，という

ことは
$$n > N \Longrightarrow a_n \in \{q \mid |q-\alpha| < \varepsilon\}$$
つまり
$$n > N \Longrightarrow |a_n - \alpha| < \varepsilon$$
言い替えれば
$$\alpha - \varepsilon < a_n < \alpha + \varepsilon \quad (n > N)$$
ということです．（「不等式」＝「ある性質を持つ数の範囲」を思い出して下さい．）「限りなく」近づく，つまり「どんなに狭い範囲」でも「あるところから先の番号」で入るのですから，

> どんな正の数 ε に対してもある番号 N を選べば
> $n > N \Rightarrow |a_n - \alpha| < \varepsilon$ となる

と言い直すことができます．これが，「数列 a_n が実数 α に収束する」ことの**定義**です．

問題 1.1 例えば，$1, \frac{1}{2}, \left(\frac{1}{2}\right)^2, \left(\frac{1}{2}\right)^3, \cdots$ つまり $a_n = \left(\frac{1}{2}\right)^n$ という数列は，0 に収束します．これが今述べた収束の定義を満たしていることを，確かめてみて下さい．（正の数 ε に対して，どんな N を選べば条件が満たされるか，というのが問題です．この章の最後に答を書いておきますが，それを見るのは自分で納得のいく答を出してからにしましょう．）

さて，定義が済んだので，いよいよこの定義の強力さを示す例，つまり ε を使った不等式によって数列の収束をあらわすことが計算の際にどれほど威力を示すか，という典型的な例題を解いてみましょう．

例題

数列 a_n に対して, $b_n = \dfrac{a_1 + a_2 + \cdots + a_n}{n}$ とおく. (b_n は a_1 から a_n までの平均.) もしも数列 a_n が c に収束するならば, 数列 b_n も同じ c に収束することを示せ.

数列 a_n が c に収束するのですから, 先の方の番号では a_n が c に近いのですが, 手前の方の番号ではそうとは限りません. つまり a_1 とか a_2 とかは c から遠いかもしれないので, 平均値の $b_n = \dfrac{a_1 + a_2 + \cdots + a_n}{n}$ が c に近いかどうかはパッと見ただけではわかりません. だからこそ, 「限りなく近づく」というようなあいまいな概念だけをいくら考えてもこの例題の解決には近づけないのです. これを解くには, 「どの程度近づくか」という具体的な数値の尺度, つまり近づく範囲の半径である ε という数値を意識した計算をすることが鍵になります.

証明を始める前に, 「$c = 0$ の場合だけを証明すればよい」ことに注意します. それは, 数列 a_n のすべての数から一斉に c を引き算しておけば, それらの平均 b_n も自動的に一斉に c だけ減ることから, この「平行移動」によって c でも 0 でも同じ内容のことが言えるからです. そこで, 以下では初めから $c = 0$ であると仮定して, その場合だけを証明します.

では, 証明をしてみましょう. まず最初に, 証明すべき目標を述べます. 前提となる仮定が, 「a_n が 0 に収束する」ということです. この仮定の下に, 証明すべき目標は「b_n が 0 に収束する」ということです. そこで, この目標を, さきほどの収束の定義のように数式であらわします. つまり, 「どんな正の数 ε に対してもある番号 N を選べば $n > N \Rightarrow |b_n| < \varepsilon$ となる」ということ, これが証明すべき目標です.

そこで, どんなものでもよい, 正の数 ε が与えられたとします. 以下,

この ε は定数です．この定数 ε に対して，目標を満たすような「十分大きい番号」N を選べばよいのです．さて，$b_n = \dfrac{a_1 + a_2 + \cdots + a_n}{n}$ が 0 に近くなるということが目標ですが，この分子のうち初めの方の a_1 とか a_2 とかは 0 に近いかどうかわからず，後ろの方の（大きい n の）a_n たちだけが 0 に近いとわかっているので，この分数 $b_n = \dfrac{a_1 + a_2 + \cdots + a_n}{n}$ を 2 つに分けて考え，証明すべき不等式を 2 つの不等式に分けて示す，という方針を立てます．つまり，「$|A| < \dfrac{\varepsilon}{2}$ かつ $|B| < \dfrac{\varepsilon}{2}$ だから $|A+B| < \varepsilon$」という形で証明の目標を結論づけることを目指します．

まず，後半の「$|B| < \dfrac{\varepsilon}{2}$」の方を示しましょう．証明の前提である「$a_n$ が 0 に収束する」ことから，ある番号 P が選べて，$n > P \Rightarrow |a_n| < \dfrac{\varepsilon}{2}$ となることが言えます．そこで，**この番号** P によって b_n の分子を 2 つに分けます．その番号より後ろでは，**すべての** a_n が $-\dfrac{\varepsilon}{2} < a_n < \dfrac{\varepsilon}{2}$ を満たすのですから，それらの平均も同じ範囲の中に入ります．つまり，

$$\left| \frac{a_{P+1} + \cdots + a_n}{n - P} \right| < \frac{\varepsilon}{2}$$

となります．これが後半の不等式です．（「その番号より後ろ」なので，$n > P$ としています．）P より後ろでは「飛び飛び」にではなく「すべて」が指定された範囲に入っていることに注意しましょう．

次に，前半の方を示しましょう．今，分子の中で数え残っている項は a_1 から a_P まででした．これらがどんな数か（0 に近いかどうか）はわかりませんが，とにかくこれらは P 個の実数ですから，絶対値が最大のものがあります．その絶対値を M とすると，

$$|a_1 + a_2 + \cdots + a_P| \leqq PM$$

となります.

　これらの「前半」と「後半」を合わせて b_n が組み立てられていますから,次のように計算します. $n>P$ という前提の下に,

$$|b_n| = \left| \frac{a_1+a_2+\cdots+a_n}{n} \right|$$

$$\leqq \left| \frac{a_1+a_2+\cdots+a_P}{n} \right| + \left| \frac{a_{P+1}+\cdots+a_n}{n-P} \cdot \frac{n-P}{n} \right|$$

$$< \frac{PM}{n} + \frac{\varepsilon}{2} \cdot \frac{n-P}{n} \leqq \frac{PM}{n} + \frac{\varepsilon}{2}$$

ここで, ε と P と M が定数だったことに注意して下さい. そこで, P より大きく, かつ $\frac{2PM}{\varepsilon}$ よりも大きい整数 N を選びます. すると,

$$n>N \Longrightarrow n > \frac{2PM}{\varepsilon} \Longrightarrow \frac{PM}{n} < \frac{\varepsilon}{2}$$

となるので, すぐ前の不等式と合わせて

$$n>N \Longrightarrow |b_n| < \frac{\varepsilon}{2} + \frac{\varepsilon}{2} = \varepsilon$$

となり,「b_n が 0 に収束する」という目標が証明できました.

　この証明を振り返ってみましょう. 与えられた「近づくべき範囲の半径」ε に対して, 分数 b_n がその範囲に入ることを言うために, 分数の分子を最初の P 個の項の和と残りの $n-P$ 個の項の和に分けました. けれども, どこで分けるかというその番号 P は, 元の数列 a_n の収束の度合によって決まったのであって,「P 番目より後の a_n が $\frac{\varepsilon}{2}$ の範囲に入る」という条件から出てきたものなのです.

　言い替えれば, 数列 a_n の収束の度合を ε という尺度であらわしておいたからこそ, 分子をどこで 2 つに分けるかが決められたのであって, 2 つに分けた分数の前半と後半が, それぞれ**その**尺度を使った不等式でどち

らも評価できたことから，合計である b_n についての結論が出てきたのです．

この例題からわかるように，収束という概念を正しく処理して応用をこなすためには，ε という具体的数値を尺度に使った計算が必要になることが多いのです．「収束（近づく）」とか「連続性（つながっている）」とかいうのは，もともと図形的な概念です．それらを数学的に処理するには「範囲」というものを「不等式」で表現して，その不等式の計算から手掛かりを得て進んで行けばよいのです．

というわけで，この章の内容を一言でまとめれば，**つながっているかつながっていないかという図形的な概念を不等式という数学的道具で表現しようとしたもの**が $\varepsilon\delta$ 論法だ，そして，そのように表現することで初めて数学的解析が可能になることもある，ということになります．（まだ δ という文字が登場していないのに，とご不満の方もいらっしゃるかもしれませんが，δ の使い方は今後の章で順次登場します．どうぞお楽しみに．）

次の章では，この道具をさらに別の図形的概念にあてはめる一例として「穴のどちら側を通るか」というテーマを取り上げて，$R^2-\{0\}$（平面から一点を除いたもの）という図形を考えてみたいと思います．

さて，次の章に進む前に，いくつか具体的な問題を書いておきましょう．まえがきにも書きましたが，こういったテクニックを身につけるには，自分で計算してみること，自分自身の手で実際に紙に書いてやってみることが必須の方法です．ぜひ，ここで手にペンを持って，どれかの問題を解いてみて下さい．

> **問題1.2** 「数列 a_n が実数 α に収束する」とし，「数列 a'_n が実数 α' に収束する」とします．この2つの数列が与えられたときに，「和の数列 $a_n+a'_n$ は和 $\alpha+\alpha'$ に収束する」という事実を証明して下さい．

> **問題1.3** 問題 1.2 と同じに，「数列 a_n が実数 α に収束する」とし，「数列 a'_n が実数 α' に収束する」とします．この2つの数列が与えられたときに，「積の数列 $a_n a'_n$ は積 $\alpha\alpha'$ に収束する」という事実を証明して下さい．

> **問題1.4** ただの単純な数列でなく，2次元平面上の**点列**の収束を考えることもできます．
> $$(a_1, b_1), (a_2, b_2), (a_3, b_3), \ldots\ldots$$
> のように，平面上の点 (a_n, b_n) を並べたものを点列と言います．さきほどの数列の収束の定義では，二つの数の「近さ」を数と数の差，つまり $|a_n-\alpha|$ によって測りましたが，その代わりに平面上の二つの点の「近さ」をその二点の平面上の距離，つまり $\|(a_n, b_n)-(\alpha, \beta)\|=\sqrt{(a_n-\alpha)^2+(b_n-\beta)^2}$ によって測れば，数列の収束の定義と全く同様にして点列の収束が定義できます．すなわち，
> 　　「どんな正の数 ε に対してもある番号 N を選べば
> $$n>N \Rightarrow \|(a_n, b_n)-(\alpha, \beta)\|<\varepsilon \text{ となる」}$$
> というときに，点列 (a_n, b_n) が点 (α, β) に収束すると定義します．
> 　さて，この定義によって「点列 (a_n, b_n) が点 (α, β) に収束する」ことと，「数列 a_n が数 α に収束し，かつ数列 b_n が数 β に収束する」こととが必要十分条件であることを証明して下さい．

CHAPTER 1

　それぞれの問題の解答またはヒントを巻末にまとめておきましたが，それらはあくまでも一つの計算方法の例に過ぎません．できれば，自由に自分なりの方法を考えて取り組んでもらいたいと思います．

（ 問題1.1 の答：N としては，$-\log_2(\varepsilon)$ より大きな整数を選べばよい．）

CHAPTER 2

穴のどちら側を通るか

　前の章では「つながっているか，つながっていないか」と題して，曲線あるいは数列が一点のまわりに集まるかどうかを考えました．今回はもう一歩厳しい状況を考えてみましょう．平面の上で，ある出発点からある終点まで歩く道筋を考えてみて下さい．そして，平面上にただ一点だけ，「通れない点」があるとしましょう．例えばその「通れない点」を平面の原点にしておくと，通れるのは平面の原点以外，つまり $R^2-\{0\}$ という図形の上で動く道筋を考えることになります．そこで，次の問題を考えてみましょう．

問題：穴の左側を通るのと，穴の右側を通るのとは，違うのか？　もし違うとしたら，両者をどう区別したらよいのか？

　通れない点は一点（原点）だけなので，その「いくらでも近く」を通ることが可能です．穴の「限りなく近く左側」を通るのと，穴の「限りなく近く右側」を通るのでは，本当に違うのでしょうか．だって，その両者は，互いに「限りなく近く」なれるじゃないですか！

実は，この両者は全然違うのであって，はっきりと区別すべきものだ，ということをこの章では順に説明していきたいと思います．両者が道筋として互いにいくら近くても，原点という「通れない点」があるというだけの理由で，両者の間には越えられない溝が横たわっているのです．

そのことを見るために，「中心角」という概念を考えましょう．これは，平面上の原点以外の各点に対して，原点からその点に向かう方向が（出発した時の方向を基準として）どれだけの角度を成しているか，という量です．まず，出発点を基準の点として決めておきます．原点からその基準点に向かう半直線を基準の方向とします．平面上の原点以外の点に対して，原点からその点に向かう半直線をとり，その半直線が基準の方向から「反時計回り」にどれだけの角度回っているかという角度を「中心角」と定義します．

ここで注意すべきことは，この「中心角」という角度が 2π の整数倍という「あいまいさ」を伴って定義されているということです．角度をあらわす数字に 2π の整数倍を足した数字も，**同じ**角度をあらわしている，ということが重要です．今は，平面上を（原点を除いて）自由に動き回れる道筋を考えようとしているわけですから，このことを忘れずにいなければなりません．

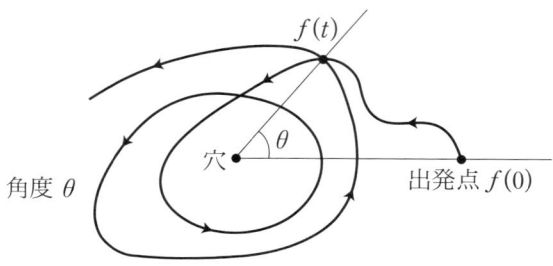

さて,「道筋」というのは,出発点から始まり,時間の経過に伴って $R^2-\{0\}$ 上のいろいろな点を動いて,一定時間後に終点で終わる,というものです.議論を簡単にするために時間 t は 0 から 1 まで動く(つまり $0 \leqq t \leqq 1$)とし,時間 t における点の位置を $f(t)$ と書くことにします.さらに条件として,出発点 $f(0)$ は最初に決められた点で,終点 $f(1)$ も最初に決められた点だとします.$f(t)$ は $R^2-\{0\}$ 上の点なので

$$f:[0,\ 1] \longrightarrow R^2-\{0\}$$

という対応($0 \leqq t \leqq 1$ を変数とし,平面上のベクトル $f(t)$ を値とする写像)ができるのですが,これが**連続写像**だとします.

連続写像というのは「変数 t が連続的に動けば値 $f(t)$ も連続的に動く」という意味で,要するにこの「道筋」が「つながっている」ということなのですが,ε と δ を使った連続写像の定義は次の章にまわすことにしましょう.ここでは,感覚的に「道筋がつながっている」という程度に理解しておいて下さい.

ともあれ,今回の題材である「道筋」$f:[0,\ 1] \longrightarrow R^2-\{0\}$ が定義できましたので,これについてさきほど述べた「中心角」を考えましょう.

$0 \leqq t \leqq 1$ を満たす任意の t に対して,$f(t)$ は $R^2-\{0\}$ の要素,つまり平面上で原点以外の点です.原点から出発点 $f(0)$ に向かう方向を,中心角の基準の方向と決めていますから,$t=0$ の時は中心角が 0 です.時間 t における点の位置は $f(t)$ なので,その点の中心角を $\varphi(f(t))$ のような感じに定義したいのですが,そう簡単にはいきません.なぜなら,さきほども述べたように,点の中心角というのは 2π の整数倍だけのあいまいさがあるので,一つの点に対して一つの値を「その点の中心角の値」と決めることが不可能だからです.

ではどうするかというと,ここに「微小変化の通算」という考え方を盛

り込むのです．つまり，$\varepsilon\delta$ 論法の役割の登場です．各点に対してその点独自の「中心角の値」を決めることをあきらめて，その代わりに各点を「道筋の上の点」として認識し，「その道筋で出発点からたどって通算した中心角の値」というものを考えるのです．道筋の上で時間 t における点 $f(t)$ の中心角は，「点 $f(t)$ によって決まる角度 $\varphi(f(t))$」なのではなくて「時間 t によって決まるその点の角度 $\varphi(t)$」とすべきなのです．つまり，同じ点であっても，それが道筋の上で時間 t_1 の時にそこに到達したのか，それとも時間 t_2 の時にそこに到達したのかによって，点としては同じ $f(t_1)=f(t_2)$ であっても中心角は違う $\varphi(t_1) \neq \varphi(t_2)$ ということです．(もちろんこの場合 $\varphi(t_1)$ と $\varphi(t_2)$ の差は 2π の整数倍でなければならないのですが，0 ではないかもしれないわけです．)

では，この「道筋で通算した中心角の値」$\varphi(t)$ を，きちんと定義しましょう．そのための鍵は，「微小変化」を考えるということです．つまり，時間 t の**範囲**をごく狭い幅に制限して，その時間範囲内に起こった(位置と角度との)変化のみに着目する，ということです．時間の範囲を制限しないと，道筋は自由に動き回ってよいわけですから，穴のまわりを何周もグルグル回ってしまうかもしれず，2π の整数倍の差がコントロールできなくなってしまいます．だから，「何周も回ったりしないような，狭い時間範囲に制限してから角度を測る」ということが鍵になるのです．

そこで，次のようにします．道筋 $f:[0,1] \longrightarrow R^2-\{0\}$ は**連続写像**なので，各時刻 t において，道筋が「つながっている」すなわち t が少しだけ変化しても点の位置 $f(t)$ は少しずつしか変化しません．だから，ほんの狭い幅，t プラスマイナス δ という時間範囲内では $f(t)$ が穴のまわりを一周しない，というように小さい正の数 δ を選ぶことができます．

もう少し具体的に δ について説明しましょう．その時刻 t において，

点 $f(t)$ は，原点とは異なるどこかの点です．原点に非常に近いかもしれませんが，それでも原点からは少なくとも正の距離 ε 以上は離れています．そこで，t の変化の幅 δ を，その幅の範囲内では $f(t)$ の変化が距離 ε 未満になるように選ぶのです．こうしておけば，その時間範囲内では $f(t)$ がいつも原点（「穴」）の**片側**のみの領域内でしか動きませんから，原点のまわりを何周もグルグル回ったりしないことが保証されます．

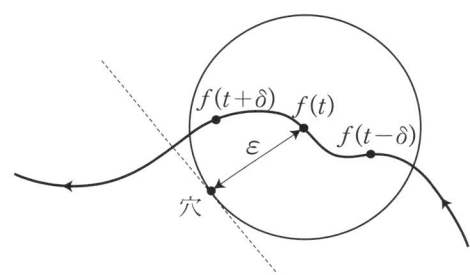

式で書くと，
$$t-\delta \leq s \leq t+\delta \Longrightarrow |f(s)-f(t)|<\epsilon$$
となります．このように δ を選んでおくと，この範囲では $f(t-\delta)$ から $f(t+\delta)$ までの間での中心角の変化 $\Delta\theta$ が 2π の整数倍のあいまいさ無しに定まります．「道筋で通算した中心角の値」$\varphi(t)$ とは，これらの総和と定義します．2π の整数倍のあいまいさ無しに定まる値の総和ですから，その結果の $\varphi(t)$ も 2π の整数倍**のあいまいさ無しに**定まります．数学用語では，このような方法で決まる総和のことを，「積分」と言います．式で書けば，$s=0$ から $s=t$ まで，プラスマイナス δ 幅の微小変化区間に切り分けてから，それぞれの区間での中心角の微小変化 $\Delta\theta$ を総和したもの

$$\varphi(t) = \sum \{\text{各微小区間の}\Delta\theta\}$$

です．これを，積分の記号を使って

$$\varphi(t) = \int d\theta$$

と書きます．

　この定義の厳密な内容，特に δ の使い方については後の章で説明しますが，ここでは「微小変化」と「グローバルな変化」をどう区別するか，ということに注意を集中するだけにとどめておきたいと思います．角度の通算をするときは，道筋を細かく区切って狭い範囲（半径 δ の範囲）にしぼって考えることで初めて意味が生まれるのです．

　狭い範囲に限っておかないと，道筋が勝手に動いてしまって，左を通る道がいつの間にか右を通る道になっている，ということも起こり得ますので，そのままではグローバルな情報を定めることができません．個々の操作を（それがどんな操作であるにせよ）「近い範囲での変化」にしぼり，そのように性質の限定された多数の「近い範囲」をあとから通算することによって，はじめてグローバルな情報が得られるわけです．

　こうして「中心角」という数量が（2π の整数倍のあいまいさ無しに）定まったので，これを使ってもとの問題，つまり「穴の左側を通るのと，穴の右側を通るのとは，違うのか？」という問題に取り組みましょう．

　最初の図を思い出して下さい．出発点（$t=0$）から終点（$t=1$）まで，それぞれ中心角の微小変化の総和をとることによって，両者それぞれの道筋での「終点における中心角の値 $\varphi(1) = \int d\theta$」が決まります．

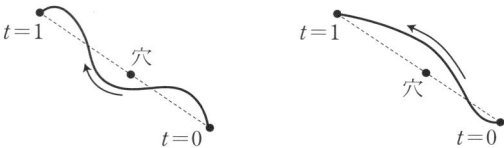

左側の図では，通算すれば結局右回りに半周，右側の図では，通算すれば結局左回りに半周していますね．中心角を測るときには，反時計回りを正の向きに測ると約束してありますから，それぞれの中心角の値は，左側の図では $-\pi$，右側の図では π となります．違う結果（差が 2π という結果）が得られたので，それはつまり「これら二つの道筋は互いに違うものである」という判定結果が得られたことになります．

つまり，この問題の場合は，「穴のどちら側を通るか」という（図形的）性質が「中心角の値」という（積分の計算によって得られる）数値によって判定できる，ということです．

「右側を通る道筋」と「左側を通る道筋」は，互いに「限りなく近い」けれども，中心角という値が違う，つまり「つながらない」のです．図形というものは自由に形が変えられますから，一見「近い」ものどうしに見えてもその中に潜む性質は根本的に違っていることがよくあります．このような，一見つかみにくい本質的な性質を引き出すために，数値による判断，例えば積分の計算で決まる中心角の値のようなものが役に立つのです．そして，そういう計算の中で重要な役割を果たしているのが $\varepsilon\delta$ 論法なのです．

> **問題2.1**　今の図を見て下さい．この図において，それぞれの道筋を具体的にどのような「微小区間」で分割すれば，つまり，さきほど考えた $t-\delta \leqq s \leqq t+\delta \Longrightarrow |f(s)-f(t)|<\varepsilon$ における δ をどのような値にとれば，一つ一つの「微小区間」において「$f(t)$ がいつも原点（「穴」）の**片側**のみの領域内を動く」という条件が満たされるようにできるでしょうか．

CHAPTER 2

> **問題2.2** 問題 2.1 の状況で，さきほど（図のところで）「左側の図では，通算すれば結局右回りに半周，右側の図では，通算すれば結局左回りに半周しています」と書きました．このことを，実際に積分 $\int d\theta$ の計算で確かめて下さい．つまり，双方の道筋（「右回りに半周」と「左回りに半周」）をそれぞれ微小区間に分割して，それぞれにおける角度の微小変化 $\Delta\theta$ を総和した答が，それぞれ $-\pi$ と π となることを計算で示して下さい．

さて，このような $\varepsilon\delta$ 論法の具体的な働きについては以後の章で順々に解説して行きたいと思いますが，ここではもう少しだけ，この「中心角」を使った応用についてお話ししましょう．

今考えているような $R^2-\{0\}$ 上の道筋 $f:[0,1]\longrightarrow R^2-\{0\}$ のうちで，「出発点と終点が一致する」（つまり $f(0)=f(1)$）という性質を満たすものだけを考えます．終点が出発点と同じ点になるように戻ってくる道筋ですから，これはいわゆる「閉じた道筋」のことです．

そういう道筋については，出発点の中心角と終点の中心角とは（2π の整数倍だけのあいまいさを除いて）一致しますから，道筋の通算中心角の値 $\varphi(1)$ は常に 2π の整数倍の値になります．つまり，

$$\frac{\varphi(1)}{2\pi}$$

という数値は常に**整数**です．日常的な言葉で言えば，これは「穴のまわりを何回回るか」という「回転数」のことです．数学用語ではこれを**写像度**と言います．

平面の台があって，その真ん中に一本の柱が立っていると想像して下さい．（この柱が「穴」に相当する障害物です．）長い紐を用意して，台の上をグルグルと這わせてみましょう．紐は，柱のまわりを右回りに回っ

たり左回りに回ったり，自由に這わせます．最後に，紐の両端を手に持って，それらを固く結び合わせます．つまり，長い紐の輪が一つできて，これが台の上で柱のまわりを回っています．（注意：ここでは，紐を柱のまわりに這わせる際に，常に紐は上から下ろして置いてゆくことにします．つまり，紐が上下に交差しない，言いかえれば，既にある紐の下側をくぐらせて紐を通したりしないとします．そういうことを許すと，いわゆる「結び目」ができてしまうことになり，状況はずっと複雑なものになってしまうからです．）

　これを真上から見れば，（紐は柱のまわりにあるのであって柱自身の上は通っていませんから）その紐は $R^2-\{0\}$ 上の閉じた道筋となって見えます．そこで，（微小な中心角の総和を計算して）$\dfrac{\varphi(1)}{2\pi}$ つまり回転数（写像度）が計算できます．実は，次のことが成立しています．

事実：この回転数（写像度）が 0 に等しいことが，この紐の輪がほどけること（つまり柱の上を越さずに台から取りはずせること）の必要十分条件である．

　回転数（写像度）が 0 以外の数値ならば紐を取り上げようとしても柱に絡まって取りはずせないけれども，その数値が 0 ならば柱のまわりでほどいてみればそのまま柱からはずせる，という事実です．

　紐の輪が柱のまわりに複雑にグルグルと絡んでいるとき，ただそれをじっと見ているだけではほどけるのかほどけないのか判断できません．でも，積分を計算して回転数（写像度）という数値を計算し，その答が 0 であるかないかを調べるだけで，紐の輪がほどけるかほどけないかを知ることができるのです．

CHAPTER 2

　もう一つ，別の状況を考えてみましょう．細長い長方形の紙テープを用意して下さい．短い二辺の部分にのりを塗って，それらを貼り合わせることを考えましょう．その際，紙テープをねじらずにそのまま素直に貼りあわせれば，ねじれていない単純な「帯」ができます．また，紙テープを180度だけねじって貼り合わせたものを，「メビウスの帯」と言います．もっと一般に紙テープを180度の n 倍だけねじって貼り合わせたものを，「 n 回ねじりの帯」M_n と呼ぶことにしましょう．単純な帯が M_0，メビウスの帯が M_1 です．

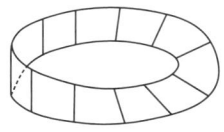
メビウスの帯 M_1

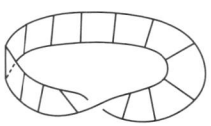
2回ねじりの帯 M_2

　そういうものを作って，それらをさきほどの台の上の柱のまわりに置きます．それぞれの「帯」は，柱のまわりを1回だけまわるように「素直に」置くことにします．

問題2.3 そのように置いた n 回ねじりの帯 M_n の縁（紙テープの端の部分）のどこか一個所に指先をあてて，そのまま指先をずらせて縁をたどってゆき，出発した位置に初めて戻ってくる瞬間まで指先をすべらせ続けるとします．さて，元の位置に戻ったわけですから，この指先の運動は「閉じた道筋」ですが，この道筋の回転数（写像度）はいくつでしょうか？

　この問題の答は巻末に書いておきますが，答を見る前にぜひ実際に帯を作って実験してみて下さい．実は，この問題の内容は M_n のような曲

面にひそむいろいろな幾何学的性質を示唆しているのですが，そのことについても自由に発想を拡げながら考えてみればおもしろいでしょう．以後の章でもできるだけこの曲面 M_n について触れてみたいと思います．いずれにしても，そのような「いろいろな幾何学的性質」を判定する際に，例えば回転数(写像度)のような数値の違いによって図形の性質を判別することが重要になるのです．

> **問題2.4** 問題 2.3 で，縁の部分をたどる代わりに，帯 M_n の「中心線」(第 4 章の最後の図でメビウスの帯にはさみを入れて「切断」する切り口のこと)を指先でたどると，(帯を柱のまわりに「素直に」置いたことから)その回転数は必ず 1 です．それなのに「中心線」でなく「境界線」をたどると回転数が 2 になることが起こりうる**理由**を，説明して下さい．

> **問題2.5** M_n のような曲面において，「表」とか「裏」とかいうものが「局所的」な概念であることに注意しましょう．曲面は自由に動かせるものですから，曲面上のある場所でそこが「表か裏か」というのはグローバルにはどちら側から見るかによっていくらでも変わってしまいます．何かの「基準」を設けておかなければ，「表か裏か」をグローバルに決めることはできません．(この章の前半で「中心角」がグローバルに決まらなかったのと同じことです．)けれども，「中心角」が(十分小さい ε 近傍に制限すれば)局所的に決定されたのと同様に，「表か裏か」も局所的には(一つ一つの ε 近傍の中で)個々に指定することができます．さて，M_n では，具体的にどのようにすればグローバルに表裏を決めることができるでしょうか．

CHAPTER 2

　というわけで，この章の内容を一言でまとめれば，$R^2-\{0\}$ 上の道筋の性質を抽出するために「中心角」という数値が有効に使えること，そういう**数値による判定**を使うことで（自由度が多すぎてつかみにくい）図形の内容を把握できることもある，ということです．そして，その数値を決めるためにこそ，$\varepsilon\delta$ 論法が働いているのです．

　次の章ではいよいよ，「連続写像」というテーマで $\varepsilon\delta$ 論法を使った連続写像の定義を目指したいと思います．「つながっているか，つながっていないか」という概念を不等式で表現するにはどうすればよいか，そういう形の表現によって何が可能になるのかを，いくつかの実例を通じて考えてみたいと思います．

CHAPTER 3

連続写像

　前の章では「穴のどちら側を通るか」と題して「道筋」と「中心角」を考え，曲線という図形の中からその性質を抽出する方法について考えました．「左を通るか，右を通るか」という図形的性質が，点のまわりの「中心角」という数学的概念を考えることによって数値による判定に持ち込むことができる，ということを見てきました．その数量を量るためには，道筋を細かく区切って一つ一つの小部分における角度の微小変化を調べ，その後でそれらの微小変化たちを全部通算する，という操作が鍵となりました．このように局所的なものを通算することによって全体の性質を調べるという操作は数学のいろいろな分野でしばしば登場します．（「積分」というのも本質的にそのような概念です．）わかりにくいグローバルな情報を，局所的な数値情報の通算という方法によってグローバルな数値として抽出する，という操作です．

　$\varepsilon\delta$ 論法は，このように「局所的なもの」たちを通算可能にするための道具です．局所的な情報を具体的な尺度を使って計算可能な数値としてあらわすことによって，初めてそれらの情報が通算できるようになるのです．そこでこの章では，この $\varepsilon\delta$ 論法を使って「連続写像」という概念をきちんと定義して，これが図形の性質を判断する上で欠くことのできないものであることを見てゆきたいと思います．

　まず，前の章に出てきた図を思い出しましょう．

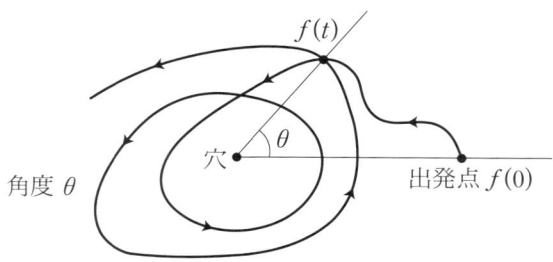

　この図にあらわれているように,「中心角」という数量を量ろうとしても, 点 $f(t)$ をただの一つの点だと考えるだけでは決められません.「何周回ってその点まで来たか」を考慮に入れないと「中心角 θ」に 2π の整数倍の誤差が出てしまいます. 最終的に欲しい「回転数(写像度)」のような情報では,「2π の何倍か」という情報こそが求めるものなのですから, その「誤差」の部分こそが問題の核心なのです.

　前の章で考えたのは, この問題を解決するための鍵が「近い範囲での変化にしぼって考えること」すなわち, 道筋全体(時間範囲 $0 \leqq s \leqq 1$)を考えるのではなくて狭い範囲(時間範囲 $t-\delta \leqq s \leqq t+\delta$)に制限することで, その範囲では 2π の整数倍の誤差なしに「中心角の微小変化」が決まる, ということでした.

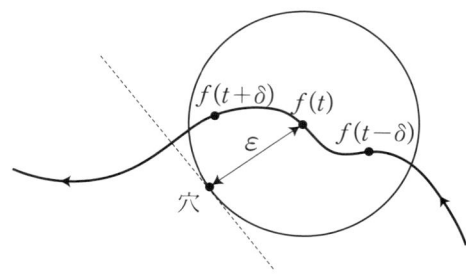

　ここでの時間範囲の幅 δ は,「その範囲では道筋が原点の片側の範囲

内だけで動く」すなわち
$$t-\delta \leqq s \leqq t+\delta \Longrightarrow |f(s)-f(t)|<\epsilon$$
(ただし ε は点 $f(t)$ と原点との距離)という条件が成り立つように選んだのです．

それでは，ここで(前の章では定義を省略した)**連続写像**の定義を書いておきましょう．それは，今の条件をみたす範囲の幅 δ を選ぶことが可能だ，ということなのです．

定義 どんな正の数 ε に対しても
$$t-\delta \leqq s \leqq t+\delta \Longrightarrow |f(s)-f(t)|<\varepsilon$$
を満たすような正の数 δ を選ぶことができるときに，写像 f が点 t において**連続**であると言う．

ここで，t というのが定数で，s というのが変数であることに注意して下さい．最初の不等式 $t-\delta \leqq s \leqq t+\delta$ というのは，変数 s が $t-\delta$ から $t+\delta$ までという**範囲**を動く，ということを意味しているのです．また，時間パラメータ s の動く範囲の幅 δ は，値の動く範囲の半径 ε に**応じて**選ばなければならない，ということにも注意して下さい．ε が小さくなれば，つまり値の動きを狭い範囲に制限すればするほど，時間 s の動く範囲も狭くしなければならないからです．どんなに小さい ε に対しても，いつでも条件を満たすような δ が作れる，そういう場合に**連続**だと言うのです．

もう一つ，これに関連した，もう少しだけ一般的な定義を書いておきましょう．それは，**関数の極限値**という概念です．f が関数で，t がその定義域の中の一点のとき，次のように定義します．

> **定義** ある決まった値 α があって，どんな正の数 ε に対しても
> $$t-\delta \leq s \leq t+\delta \Longrightarrow |f(s)-\alpha|<\varepsilon$$
> となるような正の数 δ を選ぶことができるときに，関数 f は点 t において値 α に**収束する**と言う．このことを
> $$\alpha = \lim_{s \to t} f(s)$$
> という記号であらわす．

言葉で説明すれば，「変数 s が t に近づくとき，関数の値 $f(s)$ が α に限りなく近づく」ということです．第 1 章で取り上げた「数列の収束」と似た定義であることに注意して下さい．数列では番号 n が大きくなっていく度合を「大きな自然数 N」を使って表現しましたが，関数の収束では変数 s が t に近づく度合を「小さな正の数 δ」を使って表現するのです．関数の値の近づく度合を「小さな正の数 ε」で表現する，という点はどちらも共通です．

さて，最初に定義した**連続**という概念を，この**関数の極限値**を使って表現してみましょう．それは，

関数 f が点 t において値 $f(t)$ に収束すること（つまり，$f(t) = \lim_{s \to t} f(s)$ が成立すること）と，関数 f が点 t において**連続**であることとが，必要十分条件である

ということです．関数が収束する値 α として特に値 $f(t)$ をあてはめて両者の定義を比較すれば，必要十分条件であることはすぐにわかるでしょう．

注意しなければならないのは，これらの定義がすべて，ある決まった一点 t において関数が連続かどうかという状況設定である，ということです．ある点 t_1 について関数 f が連続であっても，別の点 t_2 においては関数 f は連続でないかもしれません．そこで，一番望ましい状態と

して，「ずっと連続である」ことが成り立つときに，(点を指定せずに)「関数(あるいは写像)が**連続**である」という言い方をします．

> **定義** 関数(あるいは写像) f について，その定義域の**すべて**の点 t に対して f が点 t において連続である場合に，「f が**連続**である」と言う．

ここで，$\varepsilon\delta$ 論法を使ったこのような定義が理解できたかどうかをチェックするために，一つ練習問題をやってみましょう．

問題3.1. 関数 f と関数 g が両方とも連続ならば，それらの合成関数 gf も連続になることを証明せよ．

証明の要点を巻末に書いておきますが，詳しい証明については解析学の教科書を探してみて下さい．

さて，これらの定義が図形的にどんな意味を持っているかを考えてみましょう．そのために，とても効果的な学習方法があります．それは，連続で**ない** f の実例を考えてみることです．(実は，これは数学を学ぶときにいつでも覚えておくべき学習方法です．新しい概念が出てきたときに，その条件を**満たさない**例を考えてみることで，その概念の本質がよく見えてくることは多いです．) そこで，**不連続**な関数や写像の実例をいくつか考えてみましょう．

まず，一番単純な例として，実数変数の実数値関数 f を，グラフを使って考えましょう．この関数がある点 t において不連続だというのは，$s = t$ のところでそのグラフが「つながっていない」ということです．例えば

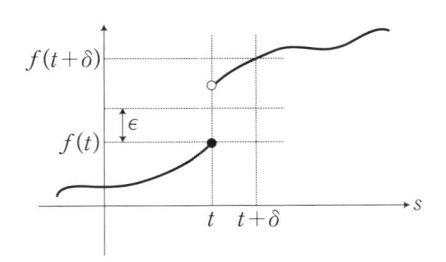

この図のグラフの場合は，変数 s が t よりも少しでも大きいと関数の値 $f(s)$ は値 $f(t)$ よりもグラフが切れている幅だけ離れていますから，正の数 ε をこの幅よりも小さい正の数に選んでおけば，どんなに s を t に近くしても $|f(s)-f(t)|$ が ε よりも大きくなってしまいます．これが「関数 f が点 t で不連続」ということです．

また，第1章に出てきた $y=\sin\left(\dfrac{1}{x}\right)$ のような「振動する」関数を使っても，いろいろな反例が作れるでしょう．自分で自由に工夫して作ってみて下さい．

問題3.2 (1) $f(x)=\sin\left(\dfrac{1}{x}\right)$（ただし $x\neq 0$）が連続な関数であることを示して下さい．

(2) $F(x)=\sin\left(\dfrac{1}{x}\right)$（$x\neq 0$ のとき），$F(s)=1$（$x=0$ のとき）とおくと，この F は実数変数の関数ですが，これが連続ではないことを示して下さい．

(3) 次のような数列を考えます．
$$a_n = \dfrac{1}{\left(2n+\dfrac{1}{2}\right)\pi} \quad (n=1,2,\cdots)$$
この数列は $n\to\infty$ で0に収束します．上の(2)で，関数 $F(x)$ が点 $x=0$ において不連続であることを示しました．ところが，$\lim_{n\to\infty} F(a_n)$

は，値 $F(0)$ にちゃんと収束します．これを示して下さい．
(4) $n \to \infty$ で 0 に収束する数列 b_n であって，$\lim_{n\to\infty} F(b_n)$ が $F(0)$ に収束しないものの例を作って下さい．

問題3.3 関数 $f(x)$ を，
$$f(x) = \begin{cases} 3, & x \text{ が無理数のとき} \\ x+1, & x \text{ が有理数のとき} \end{cases}$$
とおきます．この関数が，$x=2$ という一点のみで連続で，それ以外の点 x においては不連続であることを示して下さい．

次に，実数値関数の代わりにベクトル値の写像 f を考えてみましょう．一つの例は前の章で出てきた「道筋」です．そこでは，実数変数 s に対して，平面上の点（の位置ベクトル）$f(s)$ を値とする写像 f を考えて，s を動かせば点 $f(s)$ が動いて行くような状況を「道筋」と見なして考えました．この章のはじめの方に出てきた図を見てもわかるように，この写像 f が連続だというのは，まさにその「道筋」が「つながっている」ということを意味しています．さきほどの「ちぎれたグラフ」が不連続関数をあらわしていたように，「ちぎれた道筋」が不連続写像をあらわしています．

前の章で考えた「回転数（写像度）」という数値が，連続写像 f による道筋についてしか意味を持たないことに注意して下さい．もしもその道筋が「ちぎれて」いれば，さきほどの図にあらわされているように $f(t-\delta)$ から $f(t+\delta)$ までの範囲で中心角の微小変化 $\Delta\theta$ を決めることができなくなります．なぜなら，不連続な f についてはその範囲で $|f(s)-f(t)|<\varepsilon$ という条件が必ずしも成り立たないため，中心角の微小変化が 2π の整数倍のあいまいさ無しに定まるということが保証されず，従ってそれらの微小変化を通算してグローバルな「中心角」を量ろ

うとしてもそこに 2π の整数倍という未知のずれが入り込んでくるからです．つまり，「中心角」という数値で図形的な性質を判定したくても，この例のような不連続な f の場合は肝心のところでコントロール不能となって判定ができなくなってしまう，ということです．

「関数が連続である」という（$\varepsilon\delta$ 論法を使った）定義が図形の性質を判定する際に重要である，ということがわかって頂けたでしょうか？

問題3.4 問題 1.4 を思い出して下さい．平面上の点列 (a_n, b_n) が収束することは，2つの数列 a_n と b_n が両方とも収束することと必要十分条件でした．それと同様に，(平面の)ベクトルに値を持つ写像 $f(t)$ が連続だというのは，ベクトル $f(t)$ を平面の座標成分を使って $f(t) = (a(t), b(t))$ と表現したときに，2つの実数値関数 $a(t)$ と $b(t)$ が両方とも連続な関数であることと必要十分条件です．ここではそれを認めることにして，次のような具体例を考えてみて下さい．

$r = r(\theta)$ を，正の実数に値を持つ関数（すべての θ に対して $r(\theta) > 0$）とします．そこで，ベクトル値の写像 $f(\theta) = (r(\theta)\cos\theta, r(\theta)\sin\theta)$ を考えましょう．これは，もしも $r(0) = r(2\pi)$ ならば，第2章で考えた「閉じた道筋」になります．例えば「カルジオイド曲線」もその一例です．

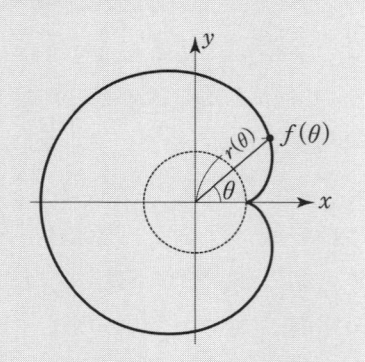

さて，$0 \leqq \theta \leqq 2\pi$ の範囲で，この $f(\theta) = (r(\theta)\cos\theta, r(\theta)\sin\theta)$ に対して積分 $\varphi(2\pi) = \int_0^{2\pi} d\theta$ を計算して，$R^2 - \{0\}$ におけるこの道筋の回転数 $\dfrac{\varphi(2\pi)}{2\pi}$ を計算して下さい．

もう一つ，全く別のタイプの例を考えてみましょう．地球全体の表面を頭に描いてみて下さい．これは，2次元球面 S^2 と呼ばれる図形です．地球の表面のいたる所に風が吹いているとしましょう．ここで，簡単のために「風は常に地表面に平行に吹いている」と仮定し，地表に垂直な方向には吹かない，としましょう．（一般的に言えば，風の向きと強さをあらわすベクトルを考える際に，そのベクトルの代わりに地表面に平行な成分ベクトルだけを考えます．）地表の各点 P に対して，（その点で地表面に平行な）ベクトル $f(P)$ が定められているとします．

　そして，重要な条件として「ベクトル $f(P)$ は点 P の動きに対して連続的に動く」（つまり f は連続写像である）と仮定しておきます．つまり，点 P が δ 程度動いたときに，風向きのベクトル $f(P)$ は小さな幅 ε 程度しか動かず，近い点 P で風ベクトルがいきなりジャンプして違う方向に変わることはない，と仮定するのです．

　実は，（後の章でも触れますが）このような状況の下ではつねに「地球上のどこかの点で，$f(P)=0$ となっている点が必ずある」という定理が成り立つのです．例えば，地球上のすべての点で同時にすべて風が真東を向いて吹いていたとします．すると，ほとんどすべての点で $f(P)\neq 0$ となっていますが，ただ二個所だけ例外があります．その状況の下では，北極点と南極点という二つの点で，どちらも風力ゼロ，$f(P)=0$ となっているのです．

　現実には，地球上のいたる所でそれぞれにいろいろな方向にいろいろな強さで風が吹いていますが，それでも「f が連続である」という仮定をするだけで「どの瞬間にも，地球上のどこかで必ず $f(P)=0$ となっている地点 P がある」という事実が成り立つのです．

　人間の頭には必ず「つむじ」がある，というのも同じ理由です．

　このように，自然現象を記述する際に「連続である」という条件が自

然な仮定であることは多いです．少なくとも，自然現象を調べようとするときにはその現象を調べようとする時にはその現象を連続な写像 f を使って記述して，その写像 f に数学の力を施すことでいろいろな性質を判定したりすることが多いのです．上のような例で「回転数(写像度)」とか「ゼロ点の存在」とかいったような数学的手法を適用できるためには，写像 f が連続であることがすべての根源で，それ無しには理論の適用ができなかったわけです．

　関数(写像)の連続性，つまり $\varepsilon\delta$ 論法というのは，このようにして自然現象に数学をあてはめて研究する際にすべての基礎となるべき概念なのです．

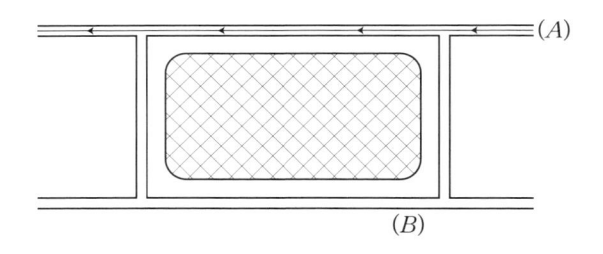

　ところが，自然現象はそんなに甘いものではありません．「不連続」な現象が自然にあらわれることもあります．上の図を見て下さい．図のように道路があって，上の方の道路は左向きの一方通行で，今 (A) 地点にいる自動車が左向きに一定速度で走っているとします．ここで，「目的地 (B) までの最短到達時間」を考えましょう．(A) が左へ進んで行けば最短到達時間はだんだん短くなっていきますが，最初の交差点で左に曲がるのを忘れてまっすぐ進んでしまった途端に「目的地 (B) までの最短到達時間」の値は突然ジャンプして跳ね上がります．一方通行道路なので，最初の交差点で曲がり忘れると大回りをしないと目的地 (B) に到

達しなくなるからです．こうして「目的地(B)までの最短到達時間」という(自然な)関数が，不連続な関数となります．

これに似た現象はいくらでもあります．例えば株価の変動のような，経済の動きなどは良い例でしょう．いろいろな条件がスムーズに変動しているのに，それらの条件によって決まる数値(たとえば株価)が突然ジャンプして(不連続に)大きな変動を示すこともあります．

もっと「数学っぽい」例として，球面の上で「二つの点を結ぶ最短路」を考えてみましょう．球面上のほとんどすべての点に対して，その点と南極点を結ぶ最短経路というのはただ一つだけ存在していて，普通その経路のことを「経線」と言います．(地球がでこぼこの無い，完全になめらかな球面だとすれば)日本と南極点を結ぶ最短経路は「東経135度の経線」というものです．こうして，地球上の各点 P に対して，その点を南極点を結ぶ最短の道筋 $f(P)$ が定まるように見えます．でも，そううまくは行きません．道筋 $f(P)$ がうまく決まらない点が一つあるのです．それが，北極点です．

北極点に近い点，たとえば北極点から距離 δ だけ離れた点 P なら，その点の「経度」が決まるのでその点を通るその「経線」を道筋 $f(P)$ に選ぶことができます．距離 δ がいくら小さい幅でも，それが正の数の幅でである限り，道筋 $f(P)$ はきちんと決まります．でも $\delta = 0$ のとき，つまり北極点自身が P なら，その北極点を南極点へと結ぶ最短路というのは無数にあります．すべての「経線」が同じ道のりになってしまうので，すべてが同時に最短路になるわけで，道筋 $f(P)$ を一つに決めることが不可能になってしまうのです．

こういう種類の困難を乗り越えるには，どうすればよいのでしょうか？ そのためのヒントが，前の章の中にありました．平面から原点を除いた図形 $R^2 - \{0\}$ の上で動く道筋を考えるとき，そのままで「各点の

中心角」を考えようとしても，2π の整数倍によるずれのために値が一つに決まらないという困難があったわけです．その困難を乗り越えるための手段として，前の章では「角度」の代わりに「角度の微小変化」を考えて，その微小変化を通算することで 2π の整数倍によるずれが解消できました．

つまり，同じ点であっても，その点そのものに「角度」を割り当てるのではなくて，その点が「どのような経路を通ってそこまで到達してきたか」という考え方を適用することで，新しい意味での「角度」が決まるのです．見方を変えて言えば，同じ点でも経路によって別々の点とみなすということ，つまり「一つの点に実はたくさんの別々の点が折り重なっている」という考え方をするのです．

このような考え方で図形をとらえる例として一番簡単なのが，「被覆空間」と呼ばれるものです．今の例の場合は，$R^2-\{0\}$ という図形の代わりに，いわば「らせん階段」のような形でその上に乗っている被覆空間を考えることで，（$R^2-\{0\}$ においては角度が定義できないけれども）その被覆空間の上には角度というきちんとした連続関数が定義できるようになります．

次の章は，「らせん階段を登る」と題して，この「被覆空間」をテーマに取り上げます．自然のままに考えたのでは写像が連続にならなくて困難に直面したときその図形を例えば「被覆空間」のような図形で置き換えることによって，不連続性のためにそのままでは使えなかった数学的手段が使えるようになり，その被覆空間の，ひいてはもとの図形の，より深い性質が解き明かされてくる，ということです．

というわけで，この章の内容を一言でまとめれば，$\varepsilon\delta$ 論法を使って定義される**連続**という概念がいろいろな図形的性質を調べるために重要なものとなるけれども，その「連続性」に困難が伴う状況もいろいろあって，その場合には新たな数学的アイデアが必要になる，ということです．

問題3.5 $g=g(t)$ を実数値の連続関数（ただし変数 t は $0 \leq t < \infty$ を動く）つまり $g: R_+ \longrightarrow R$ とします．x を正の数とすると，(第6章にある定理によって) 定義域を閉区間 $[0, x]$ に制限すれば関数 $g=g(t)$（ただし $0 \leq t \leq x$）は必ず最大値を持つことがわかっています．そこで，この最大値のことを $f(x) = \max_{0 \leq t \leq x} g(t)$ と書くことにします．
では，この $f(x)$ は連続な関数でしょうか？

問題3.6 問題3.5と同じ条件の関数 $g=g(t)$ をもう一度考えます．x を正の数としたとき，$f(x)$ は $g=g(t)$（ただし $0 \leq t \leq x$）の最大値ですから，ある t（ただし $0 \leq t \leq x$）で $g(t) = f(x)$ となります．そこで，正の数 x に対して，そのような（つまり $g(t) = f(x)$ となるような）数 t のうちで最大のものを $h(x) = t$ とおきます．では，この $h(x)$ は連続な関数でしょうか？

CHAPTER 4

らせん階段を登る

　この章では,「らせん階段を登る」と題して「被覆空間」というタイプの図形について考えましょう.

　前の章では「連続写像」について考え，それが満たされない，不連続な状況が生じたときにどういうアイデアでそれを乗り越えるのか，という例をいくつか考えました．この章で考える「被覆空間」は，そういうアイデアの一つです．もとの図形の世界にとどまったままでは不連続性の困難に直面するとき，その図形を「被覆空間」という別の図形で置き換えるのです．もとの図形の代わりにその置き換えた図形について調べることによって，その被覆空間の，ひいてはもとの図形の，より深い性質が解き明かされてくる，ということを目指します．

　被覆空間は，局所的には同相であるけれども全体としては同相ではないような連続写像の重要な例で，例えばらせん階段のように，日常生活でよく見かける図形でもあります．そういう図形を題材に，連続写像を使ってどんな性質が見えてくるかを考えてみたいと思います．

　まずはじめに，こんな問題を考えてみて下さい．

問題4.1　$\log(-1)$ の値は何か？

　高校の教科書に従えば「値はない」というのが答になります．高校では，正の実数 x のみについてしか対数関数 $\log(x)$ を考えないからです．

でも，実は，もっと広い定義域について対数関数を考えることもできるのです．ここではあえて「正解」は書かないことにしますが，巻末に考えるヒントだけ記しておきますので，自由に考えてみて下さい．

さて，いったんこの問題は脇におくことにしましょう．「らせん階段」というものをご存じでしょうか．次の左側の図のようなものです．

真ん中に鉛直に鉄柱が立っていて，その鉄柱を取り囲むように扇形の階段面がぐるりと付いています．

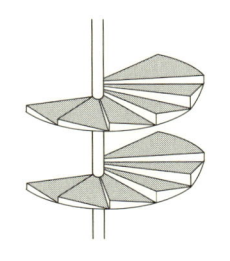

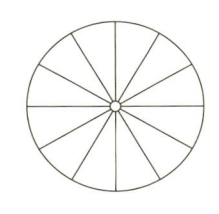

右側の図は，このらせん階段を真上から見たものです．真ん中の一点が鉄柱(真上から見たので一点に見える)です．実際のらせん階段は鉄柱のまわりに一定幅の段々の面が設けられてできていますが，仮にそれらがどこまでも広い幅を持つ(鉄柱からいくらでも離れたところまでも広がっている)と想像してみましょう．さらに，階段面は段々の面ではなくて滑らかな坂道であって，全体が滑らかな曲面をなしている，と想像して下さい．以下では，左側の図の曲面のうち「鉄柱」を除いた部分，すなわち真上から見れば $R^2-\{0\}$ の部分に相当する部分のことを「らせん階段面」と呼ぶことにしましょう．

すると，それを真上から見たもの，つまり右の方の図は，鉄柱にあたる真ん中の一点(これを平面の原点としましょう)を除いて，それ以外の平面全体を占めることになります．つまり，平面から原点だけを除いた図形，すなわち第2章で考えた $R^2-\{0\}$ という図形になります．これ

が，「らせん階段面」を真上から見て「地面」の平面上に投影した，像です．

この「らせん階段面」自体は，空間中でうねうねとまわりながら一続きにつながっているわけですが，そのうねりをほどきつつそのまま開いていって，できるだけ平らな面に「ならして」みることを考えましょう．すると，最後には「らせん階段面」全体が一つの平面に拡がります．正確に言えば，この「らせん階段面」と，xy 平面との間に一対一の対応（全単射）ができます．この対応を φ と書くことにしましょう．

対応 φ によって，xy 平面の x 軸は（階段を登る進行方向に対して左右の水平方向を考えて）「らせん階段面」の水平面での切り口となる，一定の高さの水平半直線に対応させます．一方，平面の y 軸は，（階段を登る進行方向と考えて）「らせん階段面」で歩いて登る，鉄柱から一定の距離にあるらせん形の道筋に対応させます．

この対応の結果を，「らせん階段面」からそれを真上から見て「地面」の平面上，つまり $R^2-\{0\}$ の上に投影した像を考えると，φ の定義域の xy 平面での x 軸は $R^2-\{0\}$ において原点から放射する半直線に対応し，φ の定義域の xy 平面での y 軸は $R^2-\{0\}$ において原点から一定の距離にある点の集まりである円に対応します．以上を図にしてあらわすと，次のようになります．

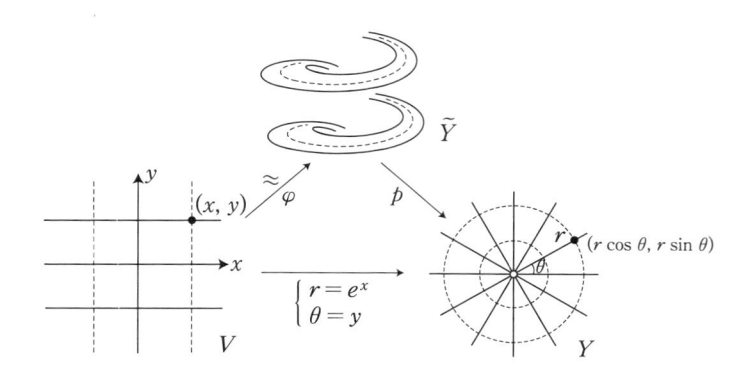

ここで，xy 平面の x 軸と，らせん階段面の水平面での切り口である半直線との間に全単射を与えるために，指数関数 $r=e^x$ を考えましょう．x が実数全体（つまり x 軸）を動くとき，指数関数の値 $r=e^x$ は正の実数全体を動き，r をらせん階段面上の鉄柱からの距離とすれば，この対応 $x \longmapsto r=e^x$ によってその全単射が得られます．

　さて，指数関数 e^x は，$e^x = \sum_{n=0}^{\infty} \frac{1}{n!} x^n$ という無限級数によって定義されていますが，無限級数そのものは実数 x に限らず任意の複素数 z に対して同じ式 $e^z = \sum_{n=0}^{\infty} \frac{1}{n!} z^n$ で定義できます．ここに $z=x+iy$ （x, y は実数）を代入して展開すると，公式（「オイラーの公式」）

$$e^{x+iy} = e^x (\cos y + i \sin y)$$

が得られます．そこで，さきほどらせん階段面との間に全単射 φ を作った xy 平面の上でこの指数関数を考えましょう．$r=e^x$, $\theta=y$ とおけば，その xy 平面での x 座標の指数関数の値が $R^2-\{0\}$ における原点からの距離 r に，y 座標の値の方は $R^2-\{0\}$ における「中心角」θ に，それぞれ対応しています．こうして，上記の公式によって，φ の定義域である xy 平面から，図形 $R^2-\{0\}$ への連続写像が定義されます．（e^{x+iy} の値の実数部分を $R^2-\{0\}$ の x 座標，虚数部分を $R^2-\{0\}$ の y 座標と対応させます．）

問題4.2　xy 平面 R^2 を，$z=x+iy$ という対応によって複素数全体の集合 C と同一視します．それを意識しながら，さきほどの図を見て下さい．まず，$V=R^2$ を C と同一視します．一方，$Y=R^2-\{0\}$ は $C-\{0\}$ と同一視します．このとき，さきほどの図の下辺の左から右への写像が，$f(z)=e^z$ の定める指数関数 $f: C \longrightarrow C-\{0\}$ であり，

> また左上の全単射 φ^{-1} が $\log: \widetilde{Y} \longrightarrow V = \mathbb{C}$ とみなせることを確かめて下さい．

　以上の理解のもとに，さきほどの図，三つの図形の相関関係を描いた図を見直してみましょう．「らせん階段面」$\widetilde{Y}$ から，「平面から原点を除いた図形」$Y = R^2 - \{0\}$ への射影（全射）p があって，その「らせん階段面」$\widetilde{Y}$ は「xy 平面」V との間を全単射 φ で結ばれており，V と Y との間は「指数関数」e^{x+iy} という具体的な式であらわされた連続写像で結ばれています．定義のしかたから，この三者を結ぶ写像たちは「可換な」図式を成しています．また，前の章に登場した図

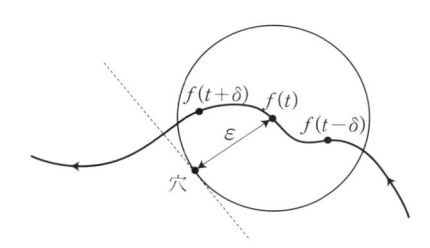

からわかるように，「らせん階段面」$\widetilde{Y}$ 上の任意の点に対して十分小さい正の数 ε を選べば，その点から半径 ε 未満の範囲内では「中心角」が 2π の整数倍の誤差なしに決まります．（このことについては前の章をお読み下さい．）従って，その（任意の）点のその近傍に制限する限りにおいては，$\widetilde{Y}$（の一部分）から $Y = R^2 - \{0\}$（の一部分）への射影 p が一対一の対応，全単射になっていることがわかります．

　このような状況が成り立つときに，$\widetilde{Y}$ は Y の**被覆空間**（covering space）であると言います．Y という図形の上に，それを「カバー」するように $\widetilde{Y}$ という図形が「乗って，覆い被さって」いる状態だからです．

$\widetilde{Y}$ から Y へは p という全射の連続写像があるのですが，$\widetilde{Y}$ の任意の一点に対して，その点のある近傍に制限すれば，その範囲内では p が全単射になっている，というのが定義です．

さて，もとの $Y = R^2 - \{0\}$ という図形に加えてその被覆空間 $\widetilde{Y}$ を考えることによって，どういう利点が得られるのでしょうか？ それは，「中心角」θ という重要な数（第 2 章で，道筋が「穴のどちら側を通るか」という性質がこの「中心角」によって判定できたことを思い出して下さい）が，$Y = R^2 - \{0\}$ においては 2π の整数倍のあいまいさという困難を伴っていたのに対して，被覆空間の $\widetilde{Y}$ においてはそのあいまいさが消えて，純粋の y 座標の値そのものによって $\theta = y$ という形で中心角があらわされているからです．

この被覆 $p : \widetilde{Y} \longrightarrow Y$ により，Y の一つの点の上には $\widetilde{Y}$ のたくさんの点が乗っていることに注意して下さい．らせん階段を 1 階, 2 階, 3 階とぐるぐる上に登っていくと，1 階分登るごとに Y の同じ点の真上に戻って来ます．これらは Y の点としては同じ点ですが，被覆空間 $\widetilde{Y}$ の点としてはすべて別々の点で，その y 座標の値が 2π の整数倍だけ違っています．つまり，$Y = R^2 - \{0\}$ における中心角の 2π の整数倍のあいまいさを，それぞれを別々の点として分離するように別の図形として認識し直したものが被覆空間なのです．この「らせん階段面」の場合はどこまでも上の階に登り続けることができますから，Y の一つの点の上には無限個の点が乗っており，$p : \widetilde{Y} \longrightarrow Y$ は「無限個対 1 個」の対応です．

ここで，最初の動機に立ち返ってみましょう．もともと調べたかったのは，$Y = R^2 - \{0\}$ という図形でした．そこで中心角のあいまいさという困難が生じたので，それを解消するために Y を被覆空間 $\widetilde{Y}$ で取り替えて考えようとしたわけでした．でも，もとの Y は $R^2 - \{0\}$ という見

方で座標の構造が入っていて計算がしやすいのですが，$\tilde{Y}$ の方は「らせん階段面」ですからそのままでは座標を使った計算が難しくなってしまいます．そこで登場するのがさきほどの図の左側の図形，すなわち xy 平面 V です．V にはきれいな xy 座標が入っていますから，計算には理想的です．そして，(直接計算の難しかった) 被覆空間 $\tilde{Y}$ は，この V と全単射 φ で結ばれているのです．これで，問題はほぼ解決しました．つまり，Y から $\tilde{Y}$ に移ることで中心角のあいまいさの困難が消え，$\tilde{Y}$ から V に移ることで座標による計算の簡単さも回復できたのです．

注意：問題 4.2 で考えたように，$Y = C-\{0\}$ においては，複素数変数 w でものごとを考える代わりに，「対数関数」によって $e^z = w$ を満たす複素数変数 z に「変数変換」してものごとを考えるのが有効なことがあります．ただ，その際に注意が必要なのは，w の変域が $Y = C-\{0\}$ であったのに対して，z の変域は $\tilde{Y} = C$ となっているということです．

こうして，簡単な計算を使って Y における中心角も分析できる技術が手に入ったわけです．ただ，一つだけ代償を払わなければなりません．それは，Y を完全に V で置き換えて計算を施せるのでなく，各点についてそれぞれ小さな近傍に範囲をしぼって，計算はその範囲内だけで実行しなければならない，ということです．さきほどの図のように，個々の ε 近傍の範囲内においては p が全単射となるので，(φ がグローバルに全単射であることと合わせて) その範囲内では完全に Y と V との置き換えがうまく行くのですが，ε 近傍の外まではみ出して計算をしようとすると，とたんに全単射が保証されなくなって「あいまいさの困難」が戻って来るかもしれないからです．

こうして，また一つ $\varepsilon\delta$ 論法の必要性が見えてきました．図形の性質

を判定しようと試みるとき，不連続性などの困難を乗り越えるために被覆空間などの図形を考えようとするのですが，その際に点と点との一対一対応を保証して計算が進められるためにはグローバルな範囲での計算をあきらめて，ローカルな範囲での計算，つまり ε 近傍の範囲内での計算に頼らざるを得ない状況が生まれるのです．$Y = R^2 - \{0\}$ における道筋の判定のために中心角を積分で定義する際にも（第2章を参照）このような事情で $\varepsilon\delta$ 論法が必要になったのでした．

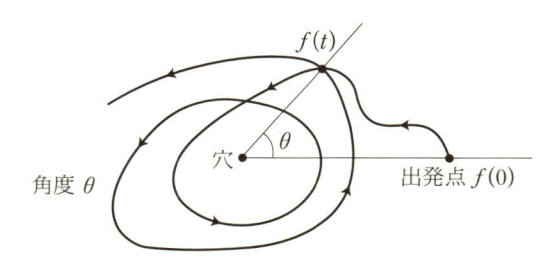

角度 θ　　穴　　出発点 $f(0)$　　$f(t)$

問題4.3　$Y = R^2 - \{0\}$ の被覆空間である「らせん階段面」$\tilde{Y}$ の上で考えます．まず，$\tilde{Y}$ 上に好きな一点 P を選んでおきます．その1階上の点 P_1, 2階上の点 P_2, …, n 階上の点 P_n であって，それぞれ Y に投影すれば P を投影したものと同一の点に落ちるようなものがそれぞれ1個ずつあります．

$\tilde{Y}$ 上で，点 P を出発点とし，点 P_n を終点とする道筋（つまり，$f: [0, 1] \to \tilde{Y}$ という連続写像であって，$f(0) = P$, $f(1) = P_n$ を満たすもの）を考えます．この道筋を Y に投影したもの，つまり $p: \tilde{Y} \to Y$ との合成写像 $f': [0, 1] \to \tilde{Y} \to Y$ は，$Y = R^2 - \{0\}$ の上の始点と終点が一致する道筋です．この道筋の（第2章で考えた意味での）回転数 $\dfrac{\varphi(1)}{2\pi}$ を求めて下さい．

CHAPTER 4

問題 4.4 (1) 関数 $g: C-\{0\} \to C-\{0\}$ を, $g(z) = \dfrac{1}{z^m}$ で定義します．(m は整数とします．) 問題 4.2 で考えたように, $Y = C-\{0\}$ の被覆空間は $\tilde{Y} = C$ ですが, この $g: Y = Y$ という写像を被覆空間上へ「持ち上げ」て, $\tilde{g}: \tilde{Y} \to \tilde{Y}$ という写像を作ることを考えます．実際, 複素数 w を $-m$ 倍する写像 $\tilde{g}(w) = -mw$, $\tilde{g}: C \to C$ が, $g: Y \to Y$ の「持ち上げ」になっていること (つまり, $p\tilde{g} = gp$ が成立していること) を確かめて下さい．

(2) その結果を使って, $g(z) = \dfrac{1}{z^m}$ という写像が, $C-\{0\}$ 上で原点のまわりを k 回まわる道筋を $C-\{0\}$ 上で原点のまわりを $-mk$ 回まわる道筋にうつすことを示して下さい．

さて，少し話題を変えて，ちょっと違ったタイプの「被覆空間」の例を考えてみましょう．第 2 章の終わりのところで考えた，メビウスの帯とその一般化を思い出して下さい．長方形の紙テープの両端を 180 度の n 倍だけねじって貼り合わせたものを「n 回ねじりの帯」M_n と呼びましたが，この，メビウスの帯 M_1 の上に乗った被覆空間として，2 回ねじりの帯 M_2 を考えることができるのです．

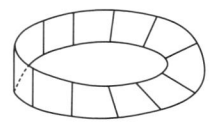

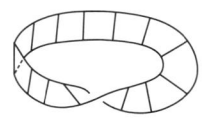

紙テープの中央 (長さ方向) にあらかじめ線を引いておいて，それから両端を 180 度ねじってメビウスの帯を作ります．それから，はさみを使ってこの線に沿って切り離します．ぐるり一周を切り終わると，何が

できるでしょうか？（ぜひ実験してみていただきたいですが）実は，2回ねじりの帯 M_2 と同じ形のものができています．（ただし帯の幅は半分に，帯の長さは2倍になっています．）

被覆空間の写像 $p: M_2 \longrightarrow M_1$ を作るために，次の図式を考えましょう．

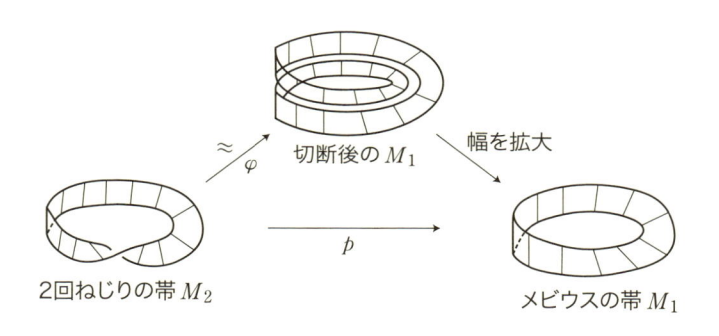

2回ねじりの帯 M_2 $\xrightarrow{\approx\ \varphi}$ 切断後の M_1 $\xrightarrow{\text{幅を拡大}}$ メビウスの帯 M_1

$\xrightarrow{\quad p \quad}$

切断後の M_1 は押し開けば M_2 と同じ形になるのですから，それらは全単射 φ で結ばれます．切断後の M_1 から M_1 への写像（「射影」）を，「帯の幅方向を2倍に拡大する」という対応として定義します．切断した M_1 をもとの位置に置いたままにして，その場で帯の幅だけを2倍に拡大すれば，切断後の幅がもとの M_1 の幅にぴたりと嵌まりますから，これで切断後の M_1 から M_1 への全射ができます．この写像を全単射 φ に続けることによって，$p: M_2 \longrightarrow M_1$ という連続写像が決まります．

M_1 の各点 x に対して，その上に乗っている M_2 の点（すなわち $p(y) = x$ となる $y \in M_2$）が何個あるかを考えてみましょう．帯の幅方向に2倍して写像が決まったのですから，同じ $x \in M_1$ に来る点は2個です．つまり，この被覆空間の写像 p は，「2対1」の対応です．

しかも，M_2 を半周以上しない範囲に限定する限り，この写像 p が

「その範囲内では全単射」であることにも注意して下さい．2個の点が同じ $x \in M_1$ に来るのは，切断前に同じ幅の上にあった点どうし，つまり M_2 においては半周した場所にある点どうしの場合のみなのです．

こうして，$p: M_2 \longrightarrow M_1$ が「2対1」の被覆空間であることがわかります．M_1 上の一点 x の十分小さい ε 近傍（点 x を中心とし，半径 ε の開円板）を考えれば，写像 p によってその開円板に写されるのは被覆空間 M_2 の上の2枚の別々の開円板で，それらは互いに M_2 では「半周回った」位置関係にあって，その一つ一つがそれぞれ p により全単射で x の近傍の開円板に写っているのです．

さて，この場合には，もとの M_1 という図形に加えてその被覆空間である M_2 を考えることで，どんな利点が得られるのでしょうか？ 実は，それは曲面の「向き付け可能性」という性質に関することです．（第2章で**問題 2.3** として述べた，「M_n の縁の回転数が n が偶数ならば1回転，n が奇数ならば2回転」という性質とも関係しています．**問題 2.5** も見て下さい．）メビウスの帯 M_1 は，「向き付け不可能な曲面」です．つまり，この曲面には表と裏の区別が付けられないということです．それに対して，その被覆空間として考えた M_2 の方は「向き付け可能」つまり曲面の表と裏が区別できます．曲面の上でいろいろなことを調べようとするとき，表と裏とが区別できなければ不都合が起こることもあります．（例えば，「面積分」は表と裏とが区別できない曲面では定義できません．）そこで，向き付け不可能な M_1 の代わりにその被覆空間として M_2 を考えて，そこで必要な計算をするようにすれば，不都合が解消されるわけです．

このように，図形の上で何らかの操作をしようとするとき，その障害となる不都合を解消するために図形自身をその被覆空間で置き換えて，そちらで操作を施すことによって障害が回避できることがよくありま

す．そして，得られた情報を被覆空間からもとの図形へと持ち帰ろうとする際には，これら両者の図形が「ローカルな範囲では」(つまり ε 近傍の範囲内では) 全単射で対応している，ということが手掛かりになります．$\varepsilon\delta$ 論法は，このように，トポロジーのさまざまな分野においても各所で必要となる，基本的な道具なのです．

この章では二種類のタイプの被覆空間しか紹介することができませんでしたが，被覆空間には他にもいろいろのタイプのものがあります．自由に想像を膨らませてみて下さい．平面から一点を除いた図形の被覆空間 $p: \tilde{Y} \longrightarrow Y$ の類推として，平面から**二点**を除いた図形について，その上に乗っている被覆空間を考えてみるのもおもしろいと思います．(実は，そのような被覆空間としては**非常に複雑な**ものも考えられます．)

次の章は「無限に延びる柱」と題して，ここで考えたらせん階段の柱の「高さ」をコントロールすることについて考えてみたいと思います．そこで背景となる主なテーマは「一様連続な関数」です．

> **問題4.5** さきほど，メビウスの帯 M_1 を中央線に沿って切断することで，M_2 が被覆空間として得られることを観察しました．その M_1 の代わりに，第2章で考えた「n 回ねじりの帯」M_n を切断してみると，どうなるでしょうか．M_n を，やはりその中央線に沿って，はさみで切り開きます．さきほどと同様にして被覆空間が出来上がりますが，こちらは「何対1」になっているでしょうか．また，その被覆空間 $\tilde{M}_n$ は，どのような図形でしょうか．

> **問題4.6** 第8章で考えるトーラス面（「ドーナツの表面」）T^2 の上には，第8章で図に示してあるように，v_x と v_y という2種類の回転方向があり，それぞれの回転角 x と y を使えば，トーラス面 T^2 を

XYZ 空間の中で

$$\begin{cases} X = b\cos x \\ Y = (a+b\sin x)\cos y \\ Z = (a+b\sin x)\sin y \end{cases}$$

(ただし a と b は $a > b > 0$ の定数) と表現することができます．xy 平面 R^2 の点 (x, y) に対して上記の点 (X, Y, Z) を対応させることによって写像 $p: R^2 \to T^2$ ができますが，これが被覆空間であることを示して下さい．

問題 4.7 平面 R^2 から二点を除いたもの，つまり $Y = R^2 - \{(0, 0)\} - \{(1, 0)\}$ の，被覆空間を作って下さい．

CHAPTER 5

無限に延びる柱

　前の章では「らせん階段を登る」と題して被覆空間の例を考え，もとの図形に代わって被覆空間を考えることで，例えば中心角のような概念が正確に定められるようになることを見てきました．この章では，そのらせん階段の「柱の高さ」について考えましょう．

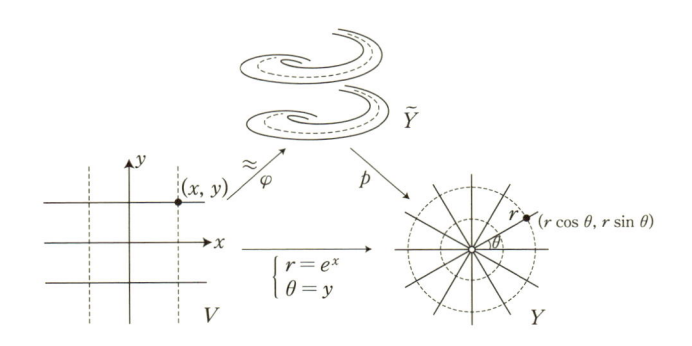

$$\begin{cases} r = e^x \\ \theta = y \end{cases}$$

　らせん階段面（図では真ん中の上側にある $\tilde{Y}$）を，立体駐車場に自動車が登っていくらせん状の坂道のようなものと想像して下さい．ここでの「柱の高さ」とは，現在自動車が立体駐車場の何階部分まで登ってきたか，というその「n 階部分」であらわされる値のことです．言い替えると，らせん階段面 $\tilde{Y}$ という図形を図の左側にある xy 平面に置き換えてそこでの xy 座標を使えば，「y 座標の値」だと言うこともできます．

被覆空間 $\tilde{Y}$ から底空間 $Y = R^2 - \{0\}$ に射影して考えると，この「柱の高さ」すなわち「y 座標の値」は $\theta = y$ という対応によって平面から原点を除いた図形 $R^2 - \{0\}$ における「中心角 θ」に対応しているわけです．

さて，このような曲面の上で今回話題にするのは，曲面上にいろいろな図形を描いたと考えて，それらの図形にはどれだけの種類があるか，という問題です．もちろん，図形には膨大な種類があるのであって，人間の能力ではそれらをすべて完璧に知り尽くすことは不可能です．でも，「図形にはどれだけの種類があるか」という問題（つまり，「図形の分類問題」）というのは幾何学の永遠のテーマですから，それに向けて少しでも知識を増やしたい，というのは自然な考え方だと思います．

考える「図形」の一例として，この「らせん階段面」にいくつか「穴」をあけてできる曲面，というものにしぼって考えてみましょう．以前の章でも扱ったように，平面に一つだけ穴をあけると，「その穴のまわりの中心角」という，幾何学的に興味深い問題が生じてきます．穴が一つだけでなくたくさんの穴があくと，それぞれの穴のまわりを回ることができるようになりますから，さらに問題は複雑になります．（前の章で「平面に穴を二つあけた図形の被覆空間は？」という問題を書いておきましたが，これを考えて下さった方はきっとその複雑さに気付いていただけたと思います．）

では，いくつでも穴をあけてよいとすると，どんなことが起こるでしょうか．例えば，らせん階段面の「駐車場の 1 階部分」のあたりに 1 個，「駐車場の 2 階部分」のあたりにもう 1 個という風に，各「n 階部分」ごとに 1 個ずつ穴をあけてみたとしましょう．すると，これだけでも穴の総数は無限個になります．平面に穴を無限個あけた図形は，きっと相当に複雑な構造を持っているのでしょうね．

でも，いくら総数が無限個でも，「各 n 階部分ごとに 1 個ずつ」というようなあけ方はまだまだ規則的なものであって，比較的扱いやすいもの

なのです．もっと穴の数を増やして「各 n 階部分ごとに n^2 個ずつ」のようなあけ方にすると，無限個は無限個でも

$$1+4+9+16+\cdots = \sum n^2$$

ですから，さきほどの単純な無限個よりもはるかに高速で増加していきます．穴のあけ方に制限はないのですから，これよりももっと猛烈な高速で無限に増えていくようなものがいくらでもあり得ることも，容易に想像できるでしょう．「あらゆる図形を分類し尽くす」というのがいかに困難な目標であるかが，このことからもおわかりいただけるでしょうか．

このように「無限のかなたまで無制限に自由な変形」を許してしまうと，いくらでも（無限に）複雑な現象が発生してしまい，遠くへ行けば行くほど（らせん階段を高く登れば登るほど）際限なく新たな複雑さが増えていってしまうために，人間の能力ではとてもコントロールしきれない「異常」な状況になってしまうのです．

> **問題5.1** ここで言う「無限のかなた」という言葉が，必ずしも「非常に遠くのもの」という直観に当てはまるわけではないことを確かめておきましょう．2つの図形が互いに**同相**な図形だというのは，互いに連続写像による全単射で対応がつけられる，ということです．（正確な定義は第7章を見て下さい．）らせん階段面 $\tilde{Y}$ という図形は，対応 φ によって xy 平面と同相になっていたのです．従って，$\tilde{Y}$ の上で「駐車場の各 n 階部分ごとに1個ずつ」穴をあけた図形も，xy 平面の上で「y 座標が $2\pi n$ のところに1個ずつ」穴をあけた図形と同相です．これらの図形では，直観的に「非常に遠く」のところにたくさん穴が並んでいますね．ところが，これらは，必ずしも直観的に遠くは感じられないような図形とも同相になるのです．その一例として，半径が1の，境界を含まない円板（開円板と言います）

$$(D^2)^\circ = \{x \in R^2 \mid \|x\| < 1\}$$

を考えましょう．この図形は平面上で原点からの距離が1未満の点ばかりを集めた図形ですから，「非常に遠く」のことがらは特に含まれていないように感じられるかもしれません．でも，実は，この開円板 $(D^2)^\circ$ は，xy 平面と同相なのです．例えば

$$\tan : \left(0, \frac{\pi}{2}\right) \longrightarrow (0, \infty)$$

という写像が長さ $\frac{\pi}{2}$ の開区間と長さ無限の半直線との同相な対応を与えていることを利用して，それを使って開円板 $(D^2)^\circ$ と xy 平面とが同相になることを示して下さい．（「同相」という言葉の定義は第7章を参照して下さい．）

特に，そのことから，$\tilde{Y}$ の上でたくさん穴をあけた図形も，開円板 $(D^2)^\circ$ の上でたくさん穴をあけた図形と，同相な図形であることがわかります．「無限のかなた」に無限にたくさん穴をあけると言っても，有限半径の開円板の上で無限にたくさん穴をあけることと，図形としては同じことなのです．

この状況に関しては，第9章であらためて取り上げます．

問題 5.2 問題 5.1 で取り上げたのは，いわば「外向き」の無限の現象ですが，それとは対極的に，いわば「内向き」の無限性もあります．例えば，この本ではたびたび $Y = R^2 - \{0\}$（平面から原点を除いた図形）を考えてきました．ここで，この Y の部分集合を2つ考えましょう．$Y_1 = \{x \in R^2 \mid 0 < \|x\| \leq 1\}$, $Y_2 = \{x \in R^2 \mid 1 \leq \|x\|\}$ とおきます．Y_1 は，$Y = R^2 - \{0\}$ の中で単位円の内側にある部分です．Y_2 は，$Y = R^2 - \{0\}$ の中で単位円の外側にある部分です．Y_1 の方はいわゆる

「有界」な集合，つまり Y_1 の要素はすべて原点との距離が 1 以下です．一方 Y_2 は，無限に外へ広がった図形で「非常に遠く」を含んでいます．そこで，$g(r) = \dfrac{1}{r}$ という写像 $g:(0,1] \longrightarrow [1,\infty)$ が全単射（同相）であることを確かめて，それを使って Y_1 と Y_2 とが図形として互いに同相であることを示して下さい．

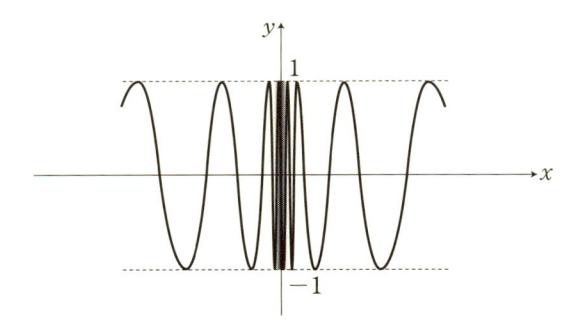

　ここで，以前の内容を思い出してみましょう．第 1 章で取り上げた $y = \sin\left(\dfrac{1}{x}\right)$ のグラフは，第 2 章の「左か右か」の道筋に比べて「異常性」が高かったことに注目しましょう．ここでの「異常性」とは「無限に細かく暴れた挙動をする」というような意味です．$f(x) = \sin\left(\dfrac{1}{x}\right)$ という関数は連続関数なのですが，x が 0 に近いときは，いくらでも細かい x の幅の内側で $f(x)$ の値が -1 から 1 まで広い幅の動きをします．従って，グラフの傾きにも必然的に上り下りの「急傾斜」が現われ，その傾きの変化の速度も無限に高速になっていって，道筋としては狭い範囲に落ち着くことのない「暴れた」挙動と言えます．

　これに対して第 2 章で考えた「道筋」は，原点という一点を通れないという条件が課されていただけで，個々の道筋そのものは別に「暴れた」挙動をするとは言えません．（もちろん「暴れた」挙動をする道筋もあり得

るのですが,「暴れない」普通のものも考えています.）それなのに, 左を通る「普通の」道筋と右を通る「普通の」道筋との間には「連続性」によって隔てられた明確な違いがある, という現象を見てきたわけです.

この, 前者の「異常性」つまり「暴れた挙動」というものを除外して,「穏やかな挙動」だけを考えたい, という場合に使われるのが,「コンパクト」とか「一様連続性」とかいう概念です. 例えば, 積分を扱う場合 (もっと一般に, 第3章「連続写像」のところで述べたように「微小な変化を通算する」ような場合) には, この「穏やかさ」がいろいろな性質を左右することが多いので,「コンパクト」や「一様連続」の条件を考える際の鍵として使うことが多いです. そこで, まず「一様連続」の定義をしましょう. 第3章では, 次のように「連続」の定義をしました.

> **定義** 関数(あるいは写像) f について, その定義域の**すべて**の点 t に対して f が点 t において連続である場合に,「f が**連続**である」と言う.

> **定義** どんな正の数 ε に対しても,
> $$t-\delta \leqq s \leqq t+\delta \Longrightarrow |f(s)-f(t)|<\varepsilon$$
> を満たすような正の数 δ を選ぶことができるときに, 写像 f が点 t において**連続**であると言う.

この定義をよく見ると, 連続かどうかの条件は写像の定義域の各点 t ごとに別々に定められているのであって, 正の数 ε に対して必要な t の変化幅 δ を選ぶ選び方も, 各点 t ごとに別々になされるものでした. つまり, らせん階段面の「1階部分」で ε から δ を選ぶ選び方と,「2階部分」で ε から δ を選ぶ選び方は, 互いに何の関係もない, 完全に独立なものだったのです.

さきほど観察してきたように，らせん階段面の各「n 階部分」でバラバラに自由に勝手なことを許してしまうことこそが，「異常なことが起こってコントロール不可能になる」ことの原因でした．だからこそ，単なる「連続関数」ではいろいろと「異常なこと」が起こってしまうのです．

　これを防止して，全体にコントロールの手を行き届かせるためには，各「n 階部分」で勝手なことをするのを許さない，つまり ε から δ を選ぶ選び方を至る所で共通な方法に統一化する，ということが必要になってきます．これが(単なる「連続」ではない)「一様連続」という概念です．そこで，次のように「一様連続」を定義します．

定義　どんな正の数 ε に対しても，
$$t-\delta \leq s \leq t+\delta \Longrightarrow |f(s)-f(t)|<\varepsilon$$
が f の定義域の**すべて**の点 s や t に対して満たされるように正の数 δ を選ぶことができるときに，写像 f が**一様連続**であると言う．

　その前の「連続」の定義との違いがおわかりでしょうか．正の数 ε から δ を選ぶときに，各点 t ごとに別々に δ を選んでもよいとしたのが「連続」で，すべての t に共通の δ を選ぶことができる，ということまで要求したのが「一様連続」の定義です．

　例えば，さきほどの関数 $y=\sin\left(\dfrac{1}{x}\right)$ の場合は，点 x が点 0 に近づけば近づくほどグラフの傾きが急傾斜になっていきます．この場合の「グラフの傾き」は $\dfrac{\varepsilon}{\delta}$ という比を意味していますので，この比がいくらでも大きな数になるということは，最初に与えられた正の数 ε に対して，いくらでも小さな正の数 δ を選ばなければ比の増大に追いつけない，ということです．

つまり,「共通の δ」というものを選ぶのは不可能です．δ が共通の,一定の数なら, $\frac{\varepsilon}{\delta}$ という比も一定の値止まりになりますので,「グラフの傾き」がいくらでも急傾斜になることはできないからです．こうして,この関数 $y = \sin\left(\frac{1}{x}\right)$ が「連続」であるけれども「一様連続」ではないことがわかりました．

「らせん階段面にいくつか穴をあけてできる曲面」の例に戻ると, 穴の個数が

$$1+4+9+16+\cdots = \sum n^2$$

のようなタイプの無限になっている場合は「一様連続」な変形とは言えません．変形の度合が「各 n 階部分ごとに n^2 個ずつ」のように, 場所によって際限なく度合の大きさが大きくなり続ければ, それを全体的に一様な尺度 δ で抑えることができなくなるからです．この場合,「一様連続」な変形というのは, 各 n 階部分ごとの変形の度合が全体で一定の上限で抑えられているような場合のことです．そのような変形を受けた曲面ならば,「無限のかなたまでコントロールの手を行き届かせる」ことも可能になるだろう, ということです．

では,「一様連続」な関数の持つ性質を $\varepsilon\delta$ 論法を使って示す例題を, 二つほどやってみましょう．

―● 例題 1 ●―

区間 (a, b) で定義された実数値関数 f が一様連続ならば, その区間上で f は積分可能である．

証明は「積分」の定義によって違ってきますが, 一例として, 区間 (a, b) を細かく分割しておいてから, それぞれの分割区間の幅にそこでの関数の値 $f(x)$ を掛け算した積をすべての分割区間にわたって総和し

た値を積分の近似値とし，その近似を収束させることによって積分を定義することにしましょう．

　f が一様連続ならば，任意の正の数 ε に対してすべての x に共通の幅 δ を選ぶことができて，その δ の幅以内ならばいつでも $f(x)$ の変動誤差が ε 以内になるようにできます．すると，「分割区間の幅にそこでの関数の値 $f(x)$ を掛け算した積」の変動誤差は，分割を δ よりも細かくしてさえおけば「分割区間の幅」に ε を掛けた積以内です．従って，それらの総和した値（積分の近似値）の変動誤差が $\varepsilon(b-a)$ 以内となります．ε はいくらでも小さい正の数にとれるので，この誤差もいくらでも小さくでき，従って積分の近似値の変動は小さい，つまり積分値が一つの値に収束することが証明できました．　□

例題 2

　xy 平面上の有界領域 D で定義された実数値関数 $f(x, y)$ が一様連続ならば，積分

$$F(y) = \int_D f(x, y) dy$$

も（y の関数として）一様連続である．

　証明は例題 1 と同様で，f が 2 変数関数として一様連続なことから関数値の変動を一定の尺度で抑えることができ，y についての積分をおこなってもその値の変動がさきほどの尺度に y の定義域の幅（領域が有界なのでこの幅も有界です）を掛けた値で抑えられるために，この積分値も一様連続の条件を満たすことが確かめられます．　□

　以上のように，一様連続な関数は，例えば「積分」のような「微小な変化を通算する」操作との間で相性が良いのです．そのお陰で，いろいろなタ

イプの数学的操作が実現できるようになります．それとは対照的に，一様連続でない，つまり「無限のかなたで何が起こるか全く予想できない」ような関数については，従来の数学的手法がなかなかうまく適用されず，特殊なテクニックで無限を扱うようなタイプの非常に難しい数学手法が必要になるのです．「らせん階段」の高みのかなたまでコントロールを届かせたいのならば，無条件での議論は望み薄であって，何らかの意味での「一様性」の条件が無ければ難しいことになる，ということでしょう．

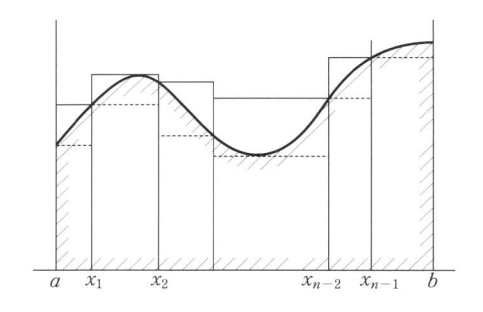

ここで一つ，問題を書いておきましょう．今後の章でこれに関連した話題も取り上げたいと考えていますが，これは「無限」という現象に特徴的な，ある性質をあらわす典型的な例です．あえて答は書かないことにしますが，自由に想像をふくらませつつ考えてみて欲しいと思います．

問題：ある人が，次のように主張した．無限和 $1-1+1-1+\cdots$ について，

$$1-1+1-1+\cdots$$
$$=(1-1)+(1-1)+\cdots$$
$$=0+0+\cdots$$
$$=0$$

> という計算と
> $$1-1+1-1+1-\cdots$$
> $$=1-(1-1)-(1-1)-\cdots$$
> $$=1-0-0-\cdots$$
> $$=1$$
> という計算が成り立つので，0＝1という等式が証明できた．（従って，これを使えばすべての整数が相等しいことも示せる！）さて，この主張の結論は明らかに間違っている．この人の議論の誤りを指摘せよ．

　この問題に出てきた議論を，らせん階段面の上で類推して考えてみましょう．一つ目の1は，らせん階段の「1階部分」での何らかの図形の変形と見なします．二つ目の -1 は，らせん階段の「2階部分」での何らかの図形の変形と見なします．以下同様に，無限和の第 n 項を，らせん階段の「n 階部分」でのことがらと結び付けて考えましょう．つまり，らせん階段面という無限に延びた図形の上で，無限個の別々の個所において同時にたくさんのことがそれぞれ別々に起こり，それら全部が同時に起こっているという状態をこの「無限和」という式が（象徴的に）あらわしていると考えるわけです．

　実は，この $0=1-1+1-1+\cdots=1$ という式は，今の「ある人の主張」のように数の等式として考える場合には，誤った主張であって等式は成り立っていないのですが，図形の上で起こる現象として考えた場合には，意味のある正しい等式として解釈することも可能になります．例えば，図形として $N+M \cong E$ であったとすると，$F=E+E+E+\cdots$ とおけば，図形としての次のような等式が成り立つことになります．こちらは（さきほどの数の等式が誤りだったのとは異なり）正しい式なのです．

$$M+F = M+E+E+E+\cdots$$
$$\cong M+(N+M)+(N+M)+(N+M)+\cdots$$
$$\cong (M+N)+(M+N)+(M+N)+\cdots$$
$$\cong E+E+E+\cdots$$
$$= F$$

 というわけで，この章の内容を一言でまとめれば，らせん階段面のような無限に延びた図形の上で至る所で自由な変形を許して考えると，いくらでも複雑な現象が生じてコントロール不能となり，収拾がつかなくなるので，それを防止するために「一様連続」な写像というものを考えることがある，ということです．そして，そういう条件を付けた写像ならば，一定の尺度 δ によって統一的なコントロールが可能になるので，全体的な情報を得ることも可能になることがあるわけです．

 次の章では，「コンパクト性」をテーマに取り上げます．これは，この章で取り上げた「一様連続性」とか「無限のコントロール」のような概念を，図形の側から抽出・実現した概念です．「コンパクト」な図形の上では「一様連続性」が無条件で成り立ち，そのために「無限のコントロール」がかなり自由に使いこなせるようになるのです．

問題5.3

(1) 実数値の連続な関数 $f(x)$ を，変数 x が $0 \leqq x \leqq 1$ の範囲を動く（定義域が閉区間 $[0,1]$）として考えます．この関数 $f(x)$ が一様連続であることを証明して下さい．（第6章の結果を使えば，まず閉区間が「有界閉集合」なので従って「コンパクト」であり，一方コンパクトな定義域を持つ連続関数は常に一様連続であるという定理がありますので，これらのことからすぐに結果が出ます．ただ，ここでは，そのような定理に頼らずに，定義域が閉区間 $[0,1]$ の連続関数 $f(x)$ が一様連続の定義の条件を満たしていることを直接に証明するように

試みてみましょう.)

(2) $f(x)$ が，$0<x<1$ の範囲で連続関数（定義域が開区間 $(0,1)$）だったとします．今度は $f(x)$ が必ずしも一様連続とは限らないことを，反例を作って示して下さい．

問題5.4 さきほど $y=\sin\left(\dfrac{1}{x}\right)$ に関連して少し触れた「$\dfrac{\varepsilon}{\delta}$ という比」について，もう少し考えましょう．$f(x)$ を $0<x<1$ の範囲で定義された連続関数とし，さらにこれが微分可能だったとします．微分係数 $f'(t)$ は，$x=t$ における $y=f(x)$ のグラフの傾き（その点での接線の傾き）をあらわしています．

では，もしも $0<t<1$ の範囲で微分係数 $f'(t)$ に最大値 C（ただし $C>0$）があるならば，その場合はもとの関数 $f(x)$ が $0<x<1$ の範囲で一様連続であることを証明して下さい．

CHAPTER 6

コンパクト性

　前の章では「無限に延びる柱」と題して「無限操作」から生じる困難について考え，関数がただの「連続」でなくて「一様連続」という条件を満たす場合にはその「無限」による困難がいくらか緩和される，という事例を紹介しました．

　この章では，やはりこの「無限の困難」を回避するための条件として，関数に「一様連続」の条件を付けるよりももっと強力な仮定，つまり定義域自体が図形として「コンパクト」である，という条件を付けた場合に何が言えるかを考えます．実は，これは図形に固有の性質であることからいろいろな場面で応用のために都合が良いことが多く，実用的に便利な条件なのです．また，さらに発展して「無限の困難」自体を調べようとする際にも，コンパクトな定義域とそうでない定義域を区別することによって良い手がかりが得られるようになるのです．

　さて，「コンパクトな図形」とは何のことかというと，それは言葉通り「小さくまとまった，手ごろなサイズの図形」という意味です．これはとりもなおさず，前の章で考えたような，どこまでも広がった遠い所で勝手にさまざまなことが起こるためにコントロールが利かずに収拾がつかなくなる，という状況の対極にあります．「コンパクト」とは，すべてがコントロール可能であって「無限の困難」が起こらないことが保証されている，そのような環境が実現される状況です．しかも，これは具体的に $\varepsilon\delta$ 論法の言葉で個々の図形に対して明示的に定義される，「図形の持つ

性質」としてのはっきりとした条件なのです．

　「コンパクト」の形式的な定義を述べる前に，その最も重要な判定条件の一つを紹介しておきましょう．

> **定理**　座標空間 R^n に埋め込まれている図形 X については，X がコンパクトであることと，X が R^n の中で「有界閉集合」であることが必要十分条件となる．

　この本では，あまり「異常な」図形は考えないこととし，すべての図形は（適当な n に対して）座標空間 R^n に埋め込まれていることを大前提とするようにしたいと思います．そのような前提の下では，今の定理によって「コンパクト」とは「有界閉集合」のことである，というのが定義だと思ってもよいことになります．では，ここで「有界」と「閉集合」とを（座標空間 R^n に埋め込まれている図形について）それぞれ定義しておきましょう．

> **定義**　座標空間 R^n に埋め込まれている図形 X が**有界**とは，十分大きい正の数 N に対して，R^n の中で原点から半径 N の範囲内に図形 X が収まっているときのことを言う．

　図形が無限のかなたまで延びることがなく，有限の距離の範囲内に収まる，ということです．前の章で述べたような「無限のかなたまで無制限に自由な変形」を排除するためには，まずこの仮定が満たされる必要があるでしょう．

CHAPTER 6

> **定義** 座標空間 R^n の部分集合 X が**閉集合**とは，集合 X に属する点の列 $\{x_1, x_2, x_3, \cdots\}$ が（R^n の中で）ある一点 α に収束するならば，その極限 $\alpha = \lim_{j\to\infty} x_j$ もやはり集合 X に属する，という条件が満たされることを言う．

 たとえば数直線 R^1 の中の閉区間 $[a, b]$ や，平面 R^2 の中の閉円板（境界線を含む円板）は閉集合です．でも，R^1 の中の開区間 (a, b) や，平面 R^2 の中の開円板（境界線を含まない円板）は閉集合ではありません．
開区間の端点に収束する点列とか，開円板の境界線上の点に収束する点列とかを考えれば，上記の定義の中で「極限がやはり集合 X に属する」という条件が満たされないからです．

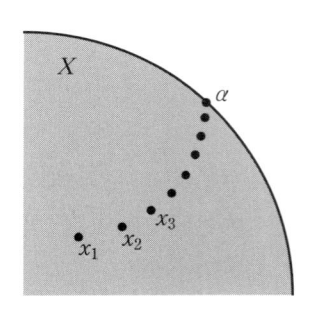

 実は，閉集合でない図形，つまり「X に属する点の列なのにその極限点 α が X に属さないということが起こり得る」ような図形においては，さきほどの「無限のかなたまで無制限に自由な変形」と同じタイプの現象が起こってしまうのです．たとえ図形として「有界」であっても（つまり，マクロの世界での「無限のかなた」が存在しなくても）その極限点 α のごく近辺の，いわばミクロの世界において，「図形 X の内部で無限に繰り

返す変形で，それが点 α に向かって行くためにその"極限状態"が X の内部ではコントロール不能になる」という事態が起こります．

例を挙げましょう．数直線 R^1 自体は，「有界」ではありません．原点からいくらでも遠い点が R^1 に含まれるからです．でも，開区間 $(-1, 1)$ は，「有界」です．そのすべての点は原点からの距離が 1 未満だからです．でも，数直線 R^1 と開区間 $(-1, 1)$ は

$$(-1, 1) \ni x \longrightarrow \tan\left(\frac{\pi}{2}x\right) \in R^1$$

という全単射によって対応付けられており，これは次の章で述べる**同相**な対応になっています．同相というのは，ある意味で両者の図形が同じ性質を持つ，ということです．開区間 $(-1, 1)$ は，「有界」であるのだけれども「閉集合ではない」という性質を持つので，上記の tan の対応によって「ミクロ」が「マクロ」に結ばれて，有界でない数直線 R^1 と同じ性質を持つ図形だとわかる，ということです．従って，有界でない R^1 や，閉集合でない $(-1, 1)$ は，いずれも「無限のかなたまで無制限に自由な変形」が生じてしまうためにコンパクトな図形とは言えないのです．

それに対して，閉区間 $[a, b]$ は R^1 と同相にはなり得ません．閉区間 $[a, b]$ は有界閉集合であり，「無限のかなたまで無制限に自由な変形」が排除されて「コンパクト」と呼べるのです．

「コンパクト」と「有界閉集合」が同値である，という上記の定理の証明については，トポロジー関係の教科書などを参照して下さい．以下では，簡単に「コンパクト」の抽象的定義だけを記しておくにとどめたいと思います．ただ，今まで説明してきたような「無限のかなたまでの無制限に自由な変形を排除する」ということが「コンパクト」という性質の実質的内容だということを頭に入れつつ両者の定義を比べれば，その両者の結びつきを感覚的に理解することは可能だろうと思います．ぜひ，考えてみて下さい．

さて,「コンパクト」の抽象的定義を与える前に,「閉集合」の対極に位置する「開集合」というものの定義を, $\varepsilon\delta$ 論法を使って書いておきたいと思います.

定義 X を座標空間 R^n の部分集合とする. X の部分集合 U が X の**開集合**とは, U に属する任意の点 u に対して, ある正の数 ε が存在して, 点 u の ε 近傍
$$\{x \in X \mid \|x-u\| < \varepsilon\}$$
が U に完全に含まれるようにできるときを言う.

ここで $\|x-u\|$ というのは座標空間 R^n におけるその二点の距離です. U が開集合とは, U のどの点をとってもそこから十分に近い X の点がすべて U に属する, ということです. 例えば $X = R^1$ の場合, 開区間 $U = (a, b)$ は開集合ですが, 閉区間 $U = [a, b]$ は開集合ではありません. 閉区間 $U = [a, b]$ の場合, そこに属する端点 a をとれば, そこから距離 ε 未満の点で a より左側にあるものたちが必ず $U = [a, b]$ の外部になってしまうからです.

練習問題:U を, 座標空間 R^n の部分集合とし, $R^n - U$ をその補集合とする. このとき, U が R^n の開集合であることと, $R^n - U$ が (R^n の中で) 閉集合であることは必要十分条件である.
[U が開集合
$\implies R^n - U$ が閉集合の証明]:

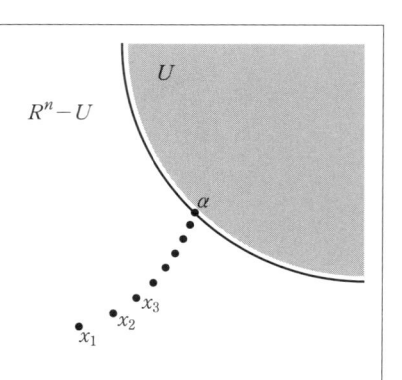

$x_1, x_2, x_3, \cdots \in R^n - U$ で $\alpha = \lim_{j \to \infty} x_j$ とする．仮に $\alpha \in U$ と仮定すると，U が開集合なのである正の数 ε が存在して
$$\|x - \alpha\| < \varepsilon \Longrightarrow x \in U$$
となるが，これにより $\alpha = \lim_{j \to \infty} x_j$ ならば十分先の番号 j で点 x_j が U の中に入ることになり，これは $x_j \in R^n - U$ であったことに矛盾するので，$\alpha \in R^n - U$ と結論できる．

［$R^n - U$ が閉集合 $\Longrightarrow U$ が開集合の証明］：

U に属する点 u について考える．仮に U が開集合でなかったと仮定すると，U に属する点 u のうちで，どんな正の数 ε に対しても点 u の ε 近傍の中に $R^n - U$ の点が必ず少なくとも一個は含まれてしまう，そのような点 u が存在することになる．そこで，その u の 1 近傍に含まれる $x_1 \in R^n - U$，u の $1/2$ 近傍に含まれる $x_2 \in R^n - U$，u の $1/3$ 近傍に含まれる $x_3 \in R^n - U$，以下同様に u の $1/j$ 近傍に含まれる $x_j \in R^n - U$ が選べることになる．ここで，点 x_j は点 u の $1/j$ 近傍の中にとったので，j を大きくしていけばこの点列は点 u に収束する．でも，$R^n - U$ は閉集合なので，この点列 $\{x_1, x_2, x_3, \cdots\}$ は $R^n - U$ に属する点 α に収束しなければならない．すると $u = \alpha$ となり，u が U に属するのに α は $R^n - U$ に属するということで矛盾する．つまり U が開集合であることが結論できる．■

問題6.1 (1) 直線 R^1 の上で，その一点 a のなす集合 $\{a\}$ が R^1 の閉集合であること，また，端点を含む半直線 $[a, \infty) = \{x \in R \mid a \leq x\}$ や $(-\infty, a] = \{x \in R \mid x \leq a\}$ も閉集合であること，そして，端点を含まない半直線 $(a, \infty) = \{x \in R \mid a < x\}$ や $(-\infty, a) = \{x \in R \mid x < a\}$ は R^1 の開集合であることを，それぞれ示して下さい．

(2) $f: R^n \longrightarrow R$ を連続写像とします．つまり，f は n 次元空間のベクトル $v \in R^n$ に実数の値 $f(v)$ を対応させる実数値関数として連続だったとします．このとき，もしも X が R の閉集合ならば，その逆像 $f^{-1}(X)$ が R^n の閉集合になることを示して下さい．また，もしも U が R の開集合ならば，その逆像 $f^{-1}(U)$ が R^n の開集合になることを示して下さい．

(3) 2つの閉集合 X_1 と X_2 の共通部分 $X_1 \cap X_2$ が必ず閉集合になること，また，2つの開集合 U_1 と U_2 の共通部分 $U_1 \cap U_2$ が必ず開集合になることを示して下さい．

(4) 以上のことを使って，「R^n の中で，その n 個の座標変数 $x_1, x_2, \cdots, x_n$ の多項式で書かれる（連立）方程式の解集合は R^n の閉集合である」こと，また「R^n の中で，その n 個の座標変数 $x_1, x_2, \cdots, x_n$ の多項式で書かれる（連立）不等式（ただし不等式はすべて等号を含まないもの）の解集合は R^n の開集合である」ことを，それぞれ証明して下さい．

問題6.2 第1章に出てきた図形
$$X = \left\{(x, y) \mid x \neq 0,\ y = \sin\left(\frac{1}{x}\right)\right\} \cup \{(0, y) \mid -1 \leqq y \leqq 1\}$$
が，平面 R^2 の中で閉集合であることを確かめて下さい．

以上の準備のもとに，「コンパクト」の抽象的定義を与えましょう．

定義 X が**コンパクト**とは，X の開集合が多数あってそれら全部の和集合が X と一致したとき（つまり，X の任意の点はそれらの開集合のどれかに必ず属するようにできたとき）に，必ずそれらの開集合たちのうち**有限個**を選んで，それら有限個の和集合が X 全体になるようにできるときを言う．

つまり，無限個の開集合で X を覆っても，必ずそのうちの有限個で X を覆いつくすようになっている，ということです．もしも X が「有界閉集合」でなければ，(マクロの状態にせよミクロの状態にせよ)何らかの形で「無限のかなたまで無制限に自由な変形の余地がある」ε 近傍たちであって，そのうち有限個だけではすべてをコントロールし切れないものがとれるのです．反対に，もしも X が「有界閉集合」であれば，収束する点列が必ず X 自身の中に極限を持つので，その極限点の ε 近傍というものを考えることで，無限個の近傍たちが取り込めて有限コントロールの範囲内に収めることができる，というわけです．

さて，ここでコンパクトな図形の代表的な例を考えてみましょう．既に出てきた例としては数直線 R^1 の中の閉区間 $[a, b]$ や，平面 R^2 の中の閉円板(境界線を含む円板)などがあるのですが，これらは代表的と呼ぶにはふさわしくないのです．それは，どちらも「境界点」を含んでいるために，図形として「均質」でない(場所によって近傍の形態が異なる)ので「美しくない」からです．

最も「美しい」例は，コンパクトでありながら「均質」である(つまり「境界点」のような特殊な点を持たない)図形で，その代表と言えるのが，円です．円とは，

$$S^1 = \{x \in R^2 \mid \|x\| = 1\}$$

つまり平面上で原点からの距離が 1 である点の集まりです．これは，原点からの距離がすべて 1 なので「有界」ですし，$\|x\| = 1$ という方程式の解としてあらわされているので「閉集合」であることもわかり，さきほどの定理によってコンパクトであることがわかります．

実は，この円 S^1 というコンパクト図形は，これまでの章に何度も登場してきました．例えば，「穴のどちら側を通るか」の章で道筋を考える場として扱った図形 $R^2 - \{0\}$ は，実は円に「厚み」をつけたものと見なすこと

ができます．どうしてかというと，$(x, y) = (r\cos\theta, r\sin\theta) \in R^2 - \{0\}$ に対して $(\theta, r) \in S^1 \times (0, \infty)$ を対応させることで，円と半直線との直積，という図形との間に全単射（同相写像）が作れるのです．さらに，半直線 $(0, \infty)$ の点 r を $r = e^x$ という対応によって $x \in R$ と対応させれば，半直線は図形として数直線 R と同相になりますので，結局この $R^2 - \{0\}$ は円と直線との直積（いわゆる「円筒の側面」）と同じ図形だと思えます．

第4章で，「らせん階段面」がこの図形 $R^2 - \{0\}$ の被覆空間であり，さらにその「らせん階段面」自身が座標平面 $V = R^2$ と全単射で結ばれることを見てきました．これを今の「厚みづけ」に組み合わせれば，「平面＝直線×直線」が，この「円筒の側面＝円×直線」の被覆空間になっていることも理解できるでしょう．

また，やはり第4章の最後のところで取り上げた，メビウスの帯の上の「2対1」の被覆空間についても同様のことが言えます．メビウスの帯も，その被覆空間である「2回ねじりの帯」も，どちらもそれぞれ円 S^1 に「厚み」をつけたものと考えられます．このようなタイプの図形は一般に（円 S^1 の上の）「バンドル空間」と呼ばれ，図形の性質を調べる上で重要な役割を果たします．この「バンドル空間」については，この本の後半で取り上げます．

問題6.3 $R^2 - \{0\}$ はコンパクトではありません．また，問題 5.2 で考えた $R^2 - \{0\}$ の部分集合 $Y_1 = \{x \in R^2 \mid 0 < \|x\| \leq 1\}$（普通これを $D^2 - \{0\}$ と書きます）も，コンパクトではありません．そのことは，「R^2 の中ではコンパクトと有界閉集合が必要十分条件である」というさきほどの定理を使えば示せます．

具体的には，$D^2 - \{0\}$ の中には原点 0 に収束する点列 $\{x_1, x_2, x_3, \cdots\}$ が存在するのに，その収束する先である原点 0 が $D^2 - \{0\}$ に含まれ

ていませんので，$D^2-\{0\}$ が R^2 の閉集合ではないことがわかります．閉集合でないのなら，定理よりコンパクトではありません．

また，もう一つ別の説明方法として，$Y_1=D^2-\{0\}$ は，問題 5.2 の結果から $Y_2=\{x\in R^2\,|\,1\leq\|x\|\}$ と同相ですが，Y_2 には原点からいくらでも遠い点が含まれていますので，Y_2 は有界ではありません．有界でないのなら，定理より Y_2 はコンパクトではなく，従ってそれと同相な $Y_1=D^2-\{0\}$ もコンパクトではありません．

それでは，この $D^2-\{0\}$ という図形が実際にコンパクトの定義を満たしていないことを，直接（さきほどの定理を使わずに）確かめて下さい．つまり，$D^2-\{0\}$ を覆う開集合の集まりを作って，それら全部の和集合は $D^2-\{0\}$ になるにもかかわらず，それらの開集合のうち**有限個**をどのように選んでも決してその和集合が $D^2-\{0\}$ 全体にはなり得ないことを示して下さい．

問題6.4 X と Y はいずれも空集合ではないとします．このとき，もしも X と Y がともにコンパクトならば，直積 $X\times Y$ もコンパクトになることを示して下さい．また，もしも X と Y のどちらかがコンパクトでないならば，直積 $X\times Y$ もコンパクトでないことを示して下さい．

さて，コンパクト空間の重要な性質としてまず第一に挙げられるのは，その上の連続関数が自動的に「一様連続である」「最大値や最小値を持つ」などの良い性質を持つ，ということです．

定理 コンパクトな図形 X の上で定義された連続関数
$$f:X\longrightarrow R$$
は，一様連続である．また，必ず最大値と最小値を持つ．

CHAPTER 6

　一様連続であることを証明するためには,「連続」と「一様連続」の定義を比較すればよいでしょう．ただの「連続」は，正の数 ε に対して，各点ごとに別々の正の数 δ がとれて，必要な不等式の条件を満たすようにできる，ということでした．「一様連続」というのは，その δ が図形 X 上のすべての点に共通にとれて，同じ δ で一斉にその不等式の条件が満たされる，ということでした．でも，もしも X がコンパクトならば，それぞれ別々の δ 近傍たちが与えられても（それぞれ X の開集合で，全部の和集合は X になりますから）コンパクトの定義に従ってそれらのうちから**有限個**を選んで全体を覆うことができます．ならば，それら有限通りの δ のうちで最小のものを選べば，その δ について「一様連続」の条件が満たされます．

　最大値と最小値を持つことを証明するには,「コンパクトな図形の連続写像による像集合はコンパクトになる」という事実を使えばよいのです．（その事実自体は，コンパクトの定義に従って自然に証明できますので，どうぞ考えてみて下さい．）これを使うと，今の写像 f の像集合 $f(X)$ は，R の部分集合であって，かつコンパクトであることがわかります．ところが，さきほどの定理によってこのような集合は数直線 R の中の「有界閉集合」となり，従って最大値と最小値が存在します．　■

　こうして，コンパクトな図形 X の上で定義された連続関数については，自動的にいろいろな良い性質が成り立っていることがわかります．前の章でも述べたように,「一様連続」をはじめとするこれらの性質は,「無限のかなたまで無制限に自由な変形」を許さないという利点を持っています．そして，たった今述べた定理の素晴らしい点は，その利点が（前の章で見てきたように）個々の関数にいちいち「一様連続」という条件を付けて得られるものではなくて，関数の定義域となる図形そのものに固有な「コンパクト」という図形的性質のみにより**すべての**連続関数に自動的に保証されるということなのです．

これが，コンパクトな図形を調べる価値です．「無限の困難」が自動的に排除されているために，図形の分類をはじめとする強力な数学的結果が得られるのです．そして，前の章で考察したような「無限の困難」に関する問題にアタックする際にも，それらのコンパクトな図形に関する結果が，理論を組み立てる際の足掛かりになってゆくのです．

さて，今後の話の流れとしてはそのような「図形の分類」について考えたいのですが，今述べた理由で，今後しばらくの間は図形を「コンパクトな図形」だけに絞りましょう．コンパクトならば，これまで見てきたようにある意味の「有限性」の良い性質が成り立ち，「無限のかなたで何が起こるか全く予想できない」という困難が避けられますから，図形の分類の際にも（有限回の段階の議論を使って）いろいろの結果を出すことができます．コンパクトでない図形の「無限の困難」に関することは，その後で議論の拡張の方向性の一つとして触れることにしたいと思います．

というわけで，この章では $\varepsilon\delta$ 論法を使って「開集合」「閉集合」「コンパクト」などの図形の性質を記述し，「コンパクト」という性質が「無限のかなたで何が起こるか全く予想できない」困難を回避するための鍵となるべきものであることを見てきました．

次の章では，具体的な図形の分類の最初の一段階として，「曲線を分類する」と題して「1次元コンパクト連結多様体」の分類をテーマに取り上げます．実は，結果を先に述べれば「1次元コンパクト連結多様体」はたった一種類，さきほど考察した「円 S^1」という図形しかない，ということがわかるのですが，逆にそのことがこの「円 S^1」という図形を調べることの重要性を示唆していることを明らかにし，その具体的な性質のいくつかを考えてみたいと思います．

問題6.5 さきほど使った「コンパクトな図形の連続写像による像集合はコンパクトになる」という命題を証明して下さい．

問題6.5 問題 6.2 の図形 X の部分集合
$$X_1 = \left\{(x, y) \mid x \neq 0, \|x\| \leq 1, y = \sin\left(\frac{1}{x}\right)\right\} \cup \{(0, y) \mid -1 \leq y \leq 1\}$$
と，そのまた部分集合
$$X_s = \left\{(x, y) \mid x \neq 0, \|x\| \leq 1, y = \sin\left(\frac{1}{x}\right)\right\}$$
とを考えます．X_s に，y 軸上の線分（閉区間）$\{-1 \leq y \leq 1\}$ を付け加えたものが X_1 です．

X_s がコンパクトでないことと，X_1 がコンパクトであることを，(問題 6.3 でしたのと同様に) 定理を使わずに直接コンパクトの定義をチェックすることで調べて下さい．つまり，その図形全体を覆う開集合の集まりに対してそれらの開集合のうち**有限個**を選んで全体を覆うことが常にできるかどうかを，判定して下さい．

CHAPTER 7

曲線を分類する

　前の章では「コンパクト性」と題して，考える対象の図形を「コンパクトな図形」だけに絞ることによって「無限のかなたで何が起こるか全く予想できない」という困難が回避できるということについて考えました．この章では，そのような良い条件を満たす図形にはどんなものがあるか，という図形の**分類**の作業の第一歩として，「コンパクト」に加えて「連結」と「1 次元多様体」という（非常に強い）制限を課して，それだけの条件をすべて満たす図形はどれだけあるかという問題，つまり「1 次元コンパクト連結多様体の分類」について考えましょう．

　図形の**分類**というのは，図形にはどれだけの種類があるのかを調べ上げることなのですが，そのままではあまりにも対象が膨大すぎて，どうにもなりません．図形は自由に変形がききますから，例えば「円」という図形にしてもいろいろな半径のものがあるし，平行移動して中心を別の場所にもってきたり，さらには横に引き延ばして楕円のような形にしたりと，さまざまに際限なく多様なものが存在しています．これらさまざまの対象を整理して扱うために，二つのアイデアを取り入れます．

　まず第一のアイデアは，何の制限も付けずにすべての図形を対象にするのではなく，考える対象を絞ろうということです．条件を付けた図形のみを対象とするようにすれば，より見通しの良い結果が得られ，その結果が将来もっと一般な図形に研究の対象を拡げたいと思うときにも重要な足掛かりになるだろう，とする考え方です．

CHAPTER 7

　そこで，この章では分類の第一歩として，図形のうちで「コンパクト」「連結」「1 次元多様体」という条件を満たすものだけに対象を絞ります．例えばコンパクトでない図形は前の章でも触れたように「無限のかなたで何が起こるか全く予想できない」という困難が付きまとうので，とりあえずはその困難の起こらない図形だけを分類しようということです．

　「連結」と「1 次元多様体」についてはすぐ後に説明しますが，その前に分類の際の第二のアイデアについて説明しておきましょう．それは，「本質的に違わない図形どうしは同じものと考える」ということです．さまざまに多様な対象たちに対して，似た性質を持ったものどうしはまとめて同じ種類として理解し，違った性質を持つものがどれだけあるかを考えること，それを**分類**と言います．

　場合によって，「本質的に違わない」という基準をいろいろな立場で考えることがあります．例えば**合同**な図形を同じと考えることもあり得ますが，ここでは「合同」よりもかなり緩く，「**同相**な図形を同じと考える」という立場をとることにしましょう．これは，以前から一貫して「連続写像」をメインの題材と考えているからです．きちんと定義するならば，次のような判断基準で考えることになります．

> **定義**　二つの図形 X と Y が全単射 $f : X \to Y$ で結ばれていて，この写像 f も，またその逆写像 f^{-1} も，いずれも連続写像であるとき，その全単射 $f : X \to Y$ を**同相写像**と言い，またその二つの図形 X と Y は互いに**同相**であると言う．

　同相なものは合同とは限りません．図形が「ゆがんで」変形されているかもしれません．例えば，円と楕円は同相です．でも，いくら「ゆがんで」いても，それはあくまでも連続写像による変形ですから，同相な対応は「ちぎる」とか「はりつける」とかいう変形ではありません．以下で

は，同相な対応がつけられる図形どうしは「本質的に違わない」と考えて同じものと見なそう，ということです．これは，多少「粗い」分類と言えるかもしれませんが，膨大な「すべての図形の分類」という目標のためには，その整理のための第一歩の作業という意義があるのです．

問題7.1 直線 R^1 と平面 R^2 が同相でないことを示して下さい．また，円 S^1 と帯 $[0, 1] \times S^1$ が同相でないことを示して下さい．

問題7.2 2次元球面 S^2 が，正八面体の表面と同相であることを示して下さい．（第10章に図があります．）

さて，話を戻して，「第一のアイデア」つまり考察の範囲を絞るための「コンパクト」「連結」「1次元多様体」という三つの条件について述べましょう．「コンパクト」については，前の章で説明しました．残りの二つは，以下のような条件です．

「連結」というのは，図形が「一続きにつながっている」という意味です．一つの図形が二つ以上の互いに離れた部分から成っていれば，それぞれの部分さえ調べておけば結局全体がわかるからです．ではここで，「連結」という性質を前の章に出てきた「開集合」という概念を使ってきちんと定義しておきましょう．「開集合」が $\varepsilon\delta$ 論法を使って定義されていたことを，まず思い出しておいて下さい．

CHAPTER 7

> **定義**　X が二つの開集合に切り分けられるとき，X は**連結でない**と言う．二つの開集合に切り分けることが不可能なとき，X を**連結**と言う．つまり，U_1 と U_2 がどちらも X の(空集合ではない)開集合で
>
> $$U_1 \cup U_2 = X$$
>
> となっているならば必ず $U_1 \cap U_2$ が空集合でない(共有される点を持つ)とき，X を連結と言う．

　例えば閉区間 $[a, b]$ は連結です．二つの開集合 U_1 と U_2 に切り分けられたとすると，それらの「境目」の点は，U_1 と U_2 のどちらかに属していなければなりませんが，それは開集合なのですから，その「境目」の点の ε 近傍を含み，従ってその「境目」の点が「内部の点」になってしまい，矛盾します．つまり，閉区間 $[a, b]$ は共有点なしに二つの開集合に切り分けることは不可能なので連結なのです．

　一方，「直線から一点を除いた図形」は，連結ではありません．例えば $R-\{0\}$ なら，$\{x>0\}$ と $\{x<0\}$ という二つの部分に分けると，これらはいずれも $R-\{0\}$ の開集合であって，共有される点を持たないのに両方を合わせれば $R-\{0\}$ 全体になりますから，$R-\{0\}$ が連結でないとわかります．(「平面から一点を除いた図形」$R^2-\{0\}$ は連結であることに注意して下さい．)また，「たくさんの円をばらばらに並べたもの」という図形も，一つの円とそれ以外の部分とで開集合による分離ができますので，連結ではありません．このように，「連結である」というのは「連続的につながらないような二つの部分に分けられない」ということです．簡単に言えば「全体が一続きにつながっている」ということなのですが，今の「直線から一点を除いた図形」のように，一点のみで分かれているような場合も除かれているわけです．

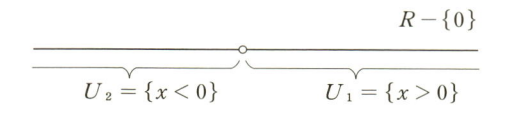

$$R - \{0\}$$
$$U_2 = \{x < 0\} \qquad U_1 = \{x > 0\}$$

問題7.3 図形 X において，その任意の2点 x, y が連続な道筋で結ばれるとき（つまり，連続写像 $f:[0, 1] \longrightarrow X$ であって $f(0) = x, f(1) = y$ を満たすようなものが任意の2点 x, y に対して作れるとき）その図形 X が**弧状連結**であると言います．では，もしも図形 X が弧状連結ならば，その図形 X は必ず連結であることを，$\varepsilon\delta$ 論法を使って証明して下さい．

問題7.4 (1)「平面から一点を除いた図形」$R^2 - \{0\}$ が連結であることを示して下さい．
(2) 問題 6.6 の図形 X と $X_1 = \{(x, y) \in X \mid \|x\| \leq 1\}$ が連結であること，また $X_s = \{(x, y) \in X \mid 0 \neq \|x\| \leq 1\}$ が連結でないことを示して下さい．
(3) 問題 3.3 の関数
$$f(x) = \begin{cases} 3, & x \text{ が無理数のとき} \\ x+1, & x \text{ が有理数のとき} \end{cases}$$
のグラフ $\Gamma = \{(x, y) \in R^2 \mid y = f(x)\}$ は，連結でしょうか？ それとも，連結でないでしょうか？

さて，残っているのは「1次元多様体」という条件です．ここで，今後この本で扱う「多様体」というものを定義しておきましょう．ただし，ここで述べる定義は普通の教科書にあるものよりはかなり限定的な意味となっており，非常に「きれいな」もののみを扱っています．（R^m に埋

CHAPTER 7

め込まれているとは限らない）一般的な「多様体」の定義は，他の文献を参照して下さい．

定義　M を座標空間 R^m の部分集合とする．M が（R^m に埋め込まれた）n 次元**多様体**とは，M の各点 x に対してある正の数 ε が存在して，その点 x の ε 近傍

$$U_\varepsilon(x) = \{y \in R^m \mid |x-y| < \varepsilon\}$$

と M の共通部分 $U_\varepsilon(x) \cap M$ が，n 次元の座標空間 R^n との間で同相写像

$$\varphi_x : R^n \xrightarrow{\cong} U_\varepsilon(x) \cap M$$

で結ばれており，かつその対応 $R^n \xrightarrow{\varphi_x} U_\varepsilon(x) \cap M \subset R^m$ が，R^n から R^m の中への滑らかな（つまり適当な意味で「微分可能」な）埋め込みになっているときを言う．

ここでの「滑らかな埋め込み」の定義は，この本では省略させて下さい．詳しい定義は「微分可能多様体」の教科書を参照して頂きたいと思います．ここでは，あまり異常ではない，良い図形という程度の意味に理解しておいて頂ければ十分だと思います．ただ，この定義で何よりも重要なことは，（十分大きな次元の座標空間 R^m の中に埋め込まれた）多様体 M では，その各点ごとにその近傍が n 次元の座標空間の「ミニチュアサイズ版」と同相対応を持っている，ということです．

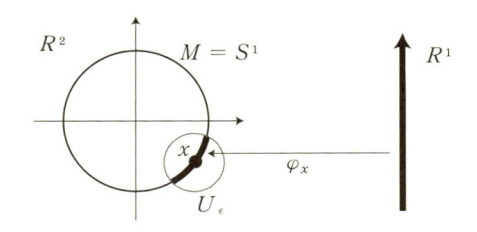

例えば $n=1$ ならば，M はその各点の近傍が直線 R^1 と同相，つまり，直線を同相写像で「ゆがめて」変形させたものですから，1次元多様体 M は「曲線」です．M 上の**すべての**点でその近傍がそういう形をしているのですから，要するにこれは「枝分かれしたり，途中で途切れたりしない」ような曲線ということです．

　ここで注意すべきことは，$U_\varepsilon(x) \cap M$ が座標空間 R^n と同相になるような近傍の半径 ε は，各点 x に応じて選ばれるのだということです．例えば平面 R^2 に埋め込まれた半径1の円

$$S^1 = \{x \in R^2 \mid |x| = 1\}$$

の上に点 x をとると，近傍の半径 ε が2以下の正の数ならば，その近傍 $U_\varepsilon(x) \cap S^1$ は（両端を含まない円弧ですから）直線 R^1 と同相です．ところが，近傍の半径 ε を2より大きい数にすると，その近傍 $U_\varepsilon(x) \cap S^1$ は円 S^1 全体になってしまいますので，これは直線 R^1 とは同相にならず，条件を満たしません．定義の中で言っているのは，あくまでも各点 x ごとにそれぞれ独立に十分小さい正の数 ε を選ぶということなのです．

　この本のテーマが $\varepsilon\delta$ 論法であったことを思い出しましょう．$\varepsilon\delta$ 論法は，単に極限値の計算をしたり，積分の公式を証明したりするための道具であるだけではありません．これまで登場してきたような「被覆空間」とか「多様体」とかいった基本的な幾何学的対象を調べる際には，それらが各点の**近傍**で良い性質（「ローカル」な性質）を持っていて，全体

CHAPTER 7

の性質(「グローバル」な性質)はそれらを組み合わせたものとして得られる,という基本的考え方がいつでも背景に存在しているのです.例えば第4章で計算した「中心角」のような量も,やはりローカルな数値を積算することによって得られたグローバルな数値でした.このように $\varepsilon\delta$ 論法は,ローカルな性質を計算可能な形で記述して,その組み合わせを使ってグローバルな性質を調べることが可能となるものにするという目的を持っているのです.

> **問題7.5** 第8章で考えるトーラス面(「ドーナツの表面」) T^2 が,問題 4.6 で定義した写像 $p: R^2 \to T^2$ によって2次元多様体になることを確かめて下さい.

さて,以上で「コンパクト」「連結」「n 次元多様体」の定義ができました.普通,「連結」な「1次元多様体」のことを「曲線」と呼びます.(同様に,「連結」な「2次元多様体」のことは「曲面」と呼びます.)以下では,「コンパクトな曲線を同相で分類する」という問題を考えます.つまり,コンパクトかつ連結な1次元多様体にはどのようなものがあるか,同相なものを同じ種類とみて分類すれば何種類の「本質的に違った」ものがあるか,という問題です.

実は,その問題の答は実に簡単で,「分類の結果そういうものは一種類しかなく,それは円である」という結果になります.定理の形で述べれば,次のようになります.

> **定理** M をコンパクトで連結な1次元多様体とすると,M は円 S^1 と同相である.

円というのは，前の章でコンパクトな図形の代表的な例として考えたものですが，円はこのように「コンパクトな曲線」の**唯一**のモデルとなっています．(コンパクトでない曲線の代表的な例は「直線」です．)

定理の証明の要点を説明しましょう．M は1次元多様体なので，各点 x ごとに十分小さな正の数 ε を選べば，その近傍 $U_\varepsilon(x) \cap M$ は M の開集合であって，しかも対応 φ_x によって数直線 R^1 と同相になっています．M の各点ごとにそのような近傍がとれるのですから，それらの近傍を**全部**考えれば，それら全部の和集合が M になっていて，一つ一つは M の開集合なのですから，先週述べた「コンパクト」の定義を思い出せば，M がコンパクトならばそれらの近傍たちのうち**有限個**だけを選んでその和集合が M 全体になるようにできます．

今選んだ(有限個の)近傍たちのうちから，共有点を持つような二つを選んだとしましょう．その二つは，それぞれが直線と同相という形をしているのですから，M の中でそれらは

1. 一個所で貼り合わされて和集合は直線と同相
2. 二個所で貼り合わされて和集合は円と同相

の二つの場合しかあり得ません．結果となる図形 M は多様体であって，どの点においてもその近傍が直線と同相なのですから「枝分かれ」のような現象が許されず，貼り合わせ方が限定されてしまうからです．

場合(1)ならばその結果の和集合が直線と同相なのですから，もう一つ別の近傍で共有点を持つものがあれば同じ作業を繰り返して(三つの近傍の)和集合がやはり二つの場合のいずれかになります．場合(1)の結果になるごとに，同じ作業を何度でも繰り返します．考えている近傍は有限個しかなかったのですから，際限なくいつまでも繰り返すことはなく，有限回の作業でいつかは止まります．

作業が止まった結果は，どうなるでしょうか．「場合(2)になった」

か，「結果がすでに M 全体になった」か，「まだ M 全体になっていないけれど，残りの近傍とは共通点がない」かのいずれかです．

ところが，「まだ M 全体になっていないけれど，残りの近傍とは共通点がない」ということはあり得ません．そこまでの作業の結果を U_1 とし，残りの近傍たちの和集合を U_2 とすると，どちらも（空集合でない）開集合で，$U_1 \cap U_2 = M$ であるのに $U_1 \cap U_2$ は空集合となって，M が連結とした仮定に反するからです．

「場合(2)で，まだ M 全体にはなっていない」ということもあり得ません．なぜなら，場合(2)ならば図形が円になっており，「枝分かれ」が許されないのですから，共通点を持つような他の近傍をそれ以上余分に貼り付ける余地がないからです．

「場合(1)で，すでに M 全体になった」ということもあり得ません．なぜなら，場合(1)ならば直線 R^1 と同相であって，これはコンパクトでない図形だからです．

以上の考察により，M がコンパクトかつ連結な1次元多様体ならば，「場合(2)になって，M 全体になった」という結果のみが許されることがわかり，すなわち M 自体が円と同相であることが結論できます． □

こうして「コンパクトな曲線」というのは円 S^1 しかないことがわかりました．このように，適切な状況設定をすれば，膨大な図形の分類という目標の中にしっかりとした足掛かりが見出せるのです．

「コンパクトでない曲線」つまり「閉じていない開いた端のある曲線」や「無限に延びた曲線」などについては今後の章でできるだけ触れたいと思います．ただ，これまでの章でも見てきたように，コンパクトでない図形には「無限のかなたで起こる困難」が伴うため相当に難しい問題になります．

「多様体」ではないもの，例えば「枝分かれ」を持つような線状の図形，例えば「樹形図」のようなものについても，また別の種類の困難が伴いま

す．これについても機会があれば少しでも触れてみたいと考えています．
（問題 10.6 を見て下さい．）

ともあれ，この章では「コンパクトで連結な 1 次元多様体」という対象に絞って，そのような図形のグローバルな形状が，ローカルな ε 近傍 $U_\varepsilon(x) \cap M$ の組み合わせを分析することによって決定される，ということを見てきました．このように，問題設定を適切に用意しさえすれば，$\varepsilon\delta$ 論法で支配されるローカルな性質をグローバルな性質の決定のために用いることが可能になるのです．

まだ具体的に $\varepsilon\delta$ 論法を使った定量的計算がどれほど有効かという話には至っていませんが，今後（曲面の形状を調べたあとで）「線積分」などの解析的道具を紹介しながら具体的な $\varepsilon\delta$ 論法による計算の応用についても触れていきたいと思います．

というわけで，この章で考えた「コンパクトで連結な 1 次元多様体」の分類に引き続き，次の章では「曲面の分類を試みる」と題して「コンパクトで連結な 2 次元多様体の分類」をテーマに取り上げます．曲面の分類では，曲線の分類よりもう少し豊かな，興味深い結果のリストが出てきます．その後さらに引き続く章で，コンパクトでない多様体や連結でない多様体，その他の応用についても考えを進めてみましょう．

問題 7.6 (1) M をコンパクトな 1 次元多様体（連結とは限らない）とすると，M はどんなものと同相になるでしょうか？
(2) M を連結な 1 次元多様体（コンパクトとは限らない）とすると，M にはどんなものがあるでしょうか？

問題 7.7 問題 6.6 の図形 X, X_1, X_s（問題 7.4 (2) 参照）は，それぞれ 1 次元多様体でしょうか？

CHAPTER 8

曲面の分類を試みる

　前の章では「曲線を分類する」と題して,「1次元コンパクト連結多様体の分類」について考えました．この章ではもう1次元高い場合, つまり「2次元コンパクト連結多様体」の分類について考えましょう．前の章でも触れましたが,「連結な2次元多様体」のことを普通**曲面**と呼びます．以下では, コンパクトな曲面にはどんなものがあるかに焦点を絞って考えることにしましょう．（注意：この本では, 断わりなしに曲面とか多様体とか言えば「境界のない多様体」であることを前提にしており,「境界を持つ多様体」は含めていません．例えば「円板」のようなものはコンパクトで連結ですが, 円周という**境界**部分を含んでいるので多様体とは呼ばず, 従って曲面には含めません．）なお, コンパクトでない曲面については, 次の章で触れます．

　前の章に引き続き, 調べる目標は「**同相**な図形を同じと考える」という立場での分類です．すなわち, この章の目標は, コンパクトかつ連結な2次元多様体(つまりコンパクト曲面)のうちで, 同相なものを同じ種類とみて分類すれば何種類の「本質的に違った」ものがあるか, という問題を考えることです．

　念のために, 前回の繰り返しになりますが, 二つの図形が**同相**であることの定義を, ここでもう一度書いておきましょう．

> **定義** 二つの図形 X と Y が全単射 $f:X \to Y$ で結ばれていて，この写像 f も，またその逆写像 f^{-1} も，いずれも連続写像であるとき，その全単射 $f:X \to Y$ を**同相写像**と言い，またその二つの図形 X と Y は互いに**同相**であると言う．

　二つの図形を「ちぎったり」あるいは「はりつけたり」しない範囲において(つまり連続写像による変形の範囲において)自由に「ゆがめて」変形することを許し，そういう範囲内ならば「本質的に違わない」図形どうしと見なして分類するということです．

　「コンパクト」(定義は第6章)であって，しかも「連結」かつ「2次元多様体」(定義はいずれも第7章)という条件を満たす図形のみを考え，それらに上記の立場での分類をおこなうのがこの章の目標です．

　まず一番初めに考えるべきコンパクト曲面は，**2次元球面**，つまり3次元座標空間の中の単位球面です．

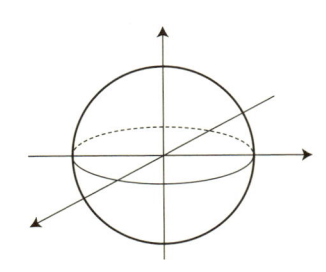

$$S^2 = \{x \in R^3 \mid |x| = 1\}$$

これが曲面(つまり連結な2次元多様体)であることは明らかでしょう．また，そのすべての点が3次元座標空間 R^3 の中で原点から距離が1の範囲にありますから有界で，$|x|=1$ という方程式の解集合ですから R^3

89

の中で閉集合となり，従って第6章で紹介した定理によりこの曲面はコンパクトだとわかります．

> **問題8.1** S^2 は，今述べたように R^3 の中の単位球面と見なすこともできますが，別の考え方として「平面 R^2 に無限遠点を付加したもの」と見なすこともできます．つまり，$S^2 = R^2 \cup \{\infty\}$ です．その定義は，次のようなものです．まず，平面 R^2 とは別に，(そこに属していない) 1つの(形式的な)要素 ∞ を考え，$R^2 \cup \{\infty\}$ という集合にします．
>
> この集合に，次のような「位相」を定義します．任意の正の数 ε に対して，まず，R^2 に属する点については，その点の ε 近傍として，普通通りに R^2 の中での ε 近傍を考えます．次に，点の ε 近傍を，
>
> $$U_\varepsilon(\infty) = \{\infty\} \cup \left\{v \in R^2 \mid \|v\| > \frac{1}{\varepsilon}\right\}$$
>
> とします．(つまり「平面 R^2 上で原点から非常に遠いところ」を点 ∞ の近傍と考えるわけです．) このように考えた $R^2 \cup \{\infty\}$ が，図形として，標準的な球面 $S^2 = \{x \in R^3 \mid \|x\| = 1\}$ と同相であることを示して下さい．(この結果によって，しばしば S^2 を $R^2 \cup \{\infty\}$ と「同一視」して考えます．)

さて，前の章の「コンパクトな曲線」の分類の結果とは異なり，この章の「コンパクトな曲面」の分類は，すべてが一つのものに同相という単純な結果にはなりません．2次元球面 S^2 と同相にならないようなコンパクト曲面もたくさんあります．そういうものを作るために，一つの曲面から新しい曲面を作り出す，ある種の操作を定義しましょう．それが「**手術 (surgery)**」と呼ばれるものです．

M をコンパクトな曲面とするとき，以下のような操作を**手術**と呼びます．まず，M の中に(滑らかに埋め込まれた)円板 D^2 を 2 個，描き

ます．次に，M からそれら2個の円板の内部を除去します．次に，「円筒」$[0, 1] \times S^1$ を持ってきて，その円筒の両端(2個の円 S^1)を，さきほど除いた2個の円板の境界部分の円周に，それぞれ貼り付けます．(貼り付ける「のりしろ」は2個の円 $S^1 \cup S^1$ です．) こうして出来上がったもの $M' = (M - D^2 - D^2) \cup_{S^1 \cup S^1} ([0, 1] \times S^1)$ も (貼り付けた部分を滑らかに直しておけば) コンパクトな曲面になります．この「M から M' を作る操作」を，手術 (surgery) と呼びます．臓器の壁の二個所に穴を開けて，それらをバイパス管で結ぶ手術のような感じです．

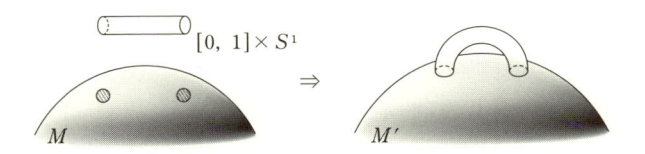

例えば，2次元球面 S^2 に手術を施せば，何ができるでしょうか？ S^2 を手術した $(S^2)'$ を，同相写像による変形で少し直せば，実は下の図の「浮き輪の表面」のような曲面になることがわかります．この曲面を「トーラス面」T^2 と呼びます．

さらにこの「トーラス面」に手術を施せば，「2人乗りの浮き輪の表面」ができ，さらにもっと何度も繰り返し手術を施せば，「n 人乗りの浮き輪の表面」が次々とできていきます．

CHAPTER 8

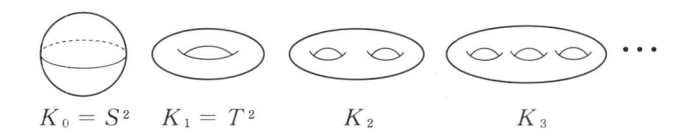

$K_0 = S^2$　$K_1 = T^2$　K_2　K_3　$\cdots$

　これらの $K_n (n = 0, 1, 2, \cdots)$ はすべてコンパクト曲面(コンパクトで連結な,境界のない2次元多様体)ですが,実は,これらはすべて互いに「本質的に違った」もの,つまり同相写像では決して結ばれないものばかりなのです.

　例えば球面 S^2 とトーラス面 T^2 がどうして同相写像では決して結ばれないのか,その理由を少し考えてみましょう.

　直観的には,その理由は簡単なことです.それらの曲面の上で,ある出発点から出て,その同じ点まで戻る「道筋」を考えます.第2章「穴のどちら側を通るか」で,平面から一点を除いた図形 $R^2 - \{0\}$ で「道筋」を考えたことを思い出して下さい.その章の終わり近くで,終点が出発点と等しい「閉じた道筋」については「回転数」という概念が考えられることを説明しました.これと同じ考察を,今回の球面 S^2 とトーラス面 T^2 それぞれの上で考えてみるのです.

　まず,球面 S^2 の上ではどうなるでしょうか.実は,球面 S^2 上にどのような「閉じた道筋」を考えても,それは常に連続的な変形で一点に縮め込むことができるのです.直観的には「風船の表面の一点に針で穴をあければ風船は破裂して一点に縮む」ということです.

　一方,トーラス面 T^2 の上ではどうなるでしょうか.トーラス面の上には,特徴的な二種類の「閉じた道筋」があります.一つは「筒のまわりを一周する」道筋 v_x で,もう一つは「全体の輪を一周する」道筋 v_y です.実は,これら二つの道筋はどちらも決して連続的な変形で一点に縮ませることができないのですが,直観的にそのことが感じられるでしょ

曲面の分類を試みる

うか？ 感覚的に言えば，いずれも何らかの意味の「輪」を一周している道筋なので，($R^2-\{0\}$で「穴」を一周する道筋が一周しない道筋と区別できたように)一点に縮んだ(輪を一周しない)道筋とは区別される，別のものだとわかるのです．

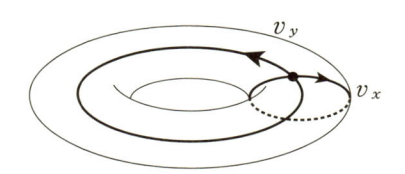

感覚的な説明でなく，数学的に厳密にそのことを証明するにはどうすればよいのでしょうか？ そのためにもう一度，平面から一点を除いた図形 $R^2-\{0\}$ のことを思い出してみましょう．「穴のどちら側を通るか」の章では，「穴のまわりを何回回るか」を数学的に判定するために $\varepsilon\delta$ 論法を使って微小な角度変化を通算し，その総和(積分値)である「中心角」という数値を見ることによって，その数値が異なる道筋ならば「本質的に違う」道筋として区別できる，と論じたのでした．

また，さらにその数値的議論を図形的に表現し直すこともできて，それが第 4 章「らせん階段を登る」で扱った「被覆空間」というものでした．$R^2-\{0\}$ という図形の被覆空間として，その上に「らせん階段面」として乗っている平面 $V=R^2$ を作り，$R^2-\{0\}$ 上の道筋をその被覆空間上へと持ち上げることによって，「中心角」の数値が被覆空間上の終点の位置として図形的に示されたのでした．

今回のトーラス面 T^2 でも，同様に被覆空間を作れば数学的な証明ができます．実は，問題 4.6 で考察したように，トーラス面 T^2 の被覆空間として，やはり同じ平面 $V=R^2$ を選ぶことができるのです．xy 平面 $V=R^2$ において x 方向に進むのがトーラス面では「筒のまわりを一

周する」方向に対応し，xy 平面 $V=R^2$ において y 方向に進むのがトーラス面では「全体の輪を一周する」方向に対応する，そのように被覆空間の対応を作ることができます．（詳しいことは問題 4.6 と問題 7.5 の解答を見て下さい．図を書きながら考えてみれば，ある程度の感じはきっと見えてくると思います．）すると，$R^2-\{0\}$ において「穴」のまわりを一周する道筋が被覆空間面 $V=R^2$ において y 軸方向に 2π のずれとなって出てきた（このことについては「らせん階段を登る」の章を見て下さい）のと全く同様に，トーラス面において「筒のまわりを一周する」道筋 v_x は x 軸方向に 2π のずれとなり，トーラス面において「全体の輪を一周する」道筋 v_y は y 軸方向に 2π のずれとなって出てくるのです．

こうして，（本質的には $\varepsilon\delta$ 論法を使った議論を通じて）トーラス面上の二つの道筋が本質的に縮まない道筋であることが証明され，球面上ではすべての道筋が縮んでしまうことと比較すれば，球面 S^2 とトーラス面 T^2 が「本質的に違う」曲面であることが証明されます． □

問題8.2 (1) 第 2 章に出てきた「ねじれのない帯」M_0 を考えましょう．（第 11 章に，より詳しい考察があります．）これは，閉区間 $[0,1]$ と円 S^1 との直積 $M_0=[0,1]\times S^1$ です．この図形の上にも，やはり「本質的に縮まない道筋」があることを示して下さい．
(2) 「ねじれのない帯」M_0 からその境界部分を除いたもの，つまり開区間 $(0,1)$ と円 S^1 との直積 $(0,1)\times S^1$ についても，やはり同じことが言えることを確かめて下さい．
(3) 「平面から一点を除いた図形」$R^2-\{0\}$ が，開区間 $(0,1)$ と円 S^1 との直積 $(0,1)\times S^1$ と同相であることを示して下さい．

より一般に，二つの図形 X と Y が「本質的に違う」（すなわち同相写

像で結ばれない)ことを証明する道具として，今のようにその図形の上の「道筋」をすべて考え，それらに対して数値的計算を使って判定に持ち込むという方法があります．一般的に定義すると，

定義 図形 X と，その上の一点 c に対して，c を出発点として c を終点とする X 上の道筋を考え，それらの間で互いに連続的な変形で移り合う道筋どうしは「同値」とするとき，そのような道筋をすべて集めた集合に，「同値」な道筋どうしは同一視するという同値関係を入れた商集合を $\pi_1(X, c)$ と書き，図形 X の(c を基点とする)**基本群**と言う．

実は，二つの道筋を繋げて一つの道筋とみる，という操作によってこの集合 $\pi_1(X, c)$ に算法が定義でき，その算法により $\pi_1(X, c)$ は群になります．(なので「基本群」と呼ばれます．)従ってここには群論をはじめとする代数学の結果が応用でき，それに($\varepsilon\delta$ 論法を使った)数値的計算の解析学を組み合わせることで，豊かな理論が展開してゆくことになるのですが，ここではとうていそのような一般論を展開する余裕はありませんので，興味を持たれた方はいろいろな「トポロジー」の入門書をご覧になって下さい．ただ，具体例の感覚を養っておくのはとても大切なことですので，いくつかの簡単な実例をここで挙げておきましょう．今は，厳密に解こうとするのはやめて，まずは感覚的にどのような答になるだろうかと想像してみて下さい．

まず，球面 S^2 の基本群には「単位元」と呼ばれる要素 e が 1 個あるだけで，他に要素はありません．つまり，$\pi_1(S^2, c) = \{e\}$ という群になります．ただし，この e は，$e(t) = c$ (すべての $t \in [0, 1]$ に定点 c を対応させる)という，「定点にじっとしている」道筋です．このことは，

CHAPTER 8

さきほど「風船の表面の一点に針で穴をあければ風船は破裂して一点に縮む」と説明したように，球面 S^2 上のどんな道筋もすべて連続的な変形で一点に縮め込むことができることからわかります．

次に，平面から一点を除いた図形 $R^2-\{0\}$ の基本群を考えましょう．点 c を出発して，原点(「穴」)のまわりを(反時計回りに)一周回って，また点 c に戻る道筋を g とします．実は，基本群 $\pi_1(R^2-\{0\}, c) = \{\cdots, g^{-2}, g^{-1}, e, g, g^2, \cdots\} = \{g^n | n \in Z\}$ となります．ここで，g^n は原点のまわりを n 回まわる道筋(ただし n が正のときは反時計回り，n が負のときは時計回りです．$n \in Z$ というのは n がすべての整数を動く，という意味です．)つまり，すべての「閉じた道筋」は，ある整数 n での「n 回まわり」の道筋に連続的な変形で直せる，ということです．このことは，$R^2-\{0\}$ の被覆空間として $(0, 1) \times R^1$ がとれる(問題 8.2)こと，あるいは(同じことですが)$R^2-\{0\}$ の被覆空間として $V = R^2$ がとれる(第4章の図)ことからわかるのです．$R^2-\{0\}$ において原点のまわりを n 回まわる道筋は，その被覆空間においては $(0, 1) \times R^1$ の R^1 成分を $2\pi n$ 増やす，あるいは複素数平面 $V = R^2$ で虚成分 y を $2\pi n$ 増やすことに対応しています．(問題 4.2 を参照して下さい．) この群 $\{g^n | n \in Z\}$ は，群としては整数全体のなす群 Z と同じもので，「無限巡回群」と呼ばれます．

もう一つ，トーラス面 T^2 の基本群を考えましょう．今度は，v_x 方向に一周する道筋 f と，v_y 方向に一周する道筋 g とが，別々にあります．2個の整数 m と n を与えるごとに，道筋 $f^m g^n$，つまり f を m 周してから g を n 周する道筋が定まりますが，実はこれらはすべて((m, n) と (m', n') が整数の組として異なるならば)互いに異なる(連続的な変形で直らない)道筋なのです．このことは，問題 4.6 で示した被覆空間 $p : R^2 \to T^2$ を使って，道筋 $f^m g^n$ が被覆空間 R^2 上では原点

$(0, 0)$ と点 (m, n) を結ぶ道筋に対応していることからわかります．

　ここで，重要な注意が一つあります．それは，fg（先に f を1周してからあとで g を1周する道筋）と gf（先に g を1周してからあとで f を1周する道筋）とが互いに連続的な変形で結ばれている，ということです．その理由は，被覆空間 R^2 上で，原点 $(0, 0)$ から点 $(1, 0)$ を通って点 $(1, 1)$ まで行く道をその正方形の中で連続的に変形すれば，点 $(0, 1)$ を通って点 $(1, 1)$ まで行く道に直せるからです．こうして，トーラス面 T^2 の基本群 $\pi_1(T^2, c)$ は**交換法則** $fg = gf$ の成り立つ群 $\{f^m g^n \mid m, n \in Z\}$ となります．これは，2個の「無限巡回群」の直積群です．

　$\pi_1(S^2, c) = \{e\}$, $\pi_1(R^2 - \{0\}, c) = \{g^n \mid n \in Z\}$, $\pi_1(T^2, c) = \{f^m g^n \mid m, n \in Z\}$ は，すべて互いに群として同型でないですので，$S^2, R^2 - \{0\}, T^2$ の3つの図形が互いに決して同相ではないことが結論できます．

　なお，一般には次のようなことが知られています．（第12章に紹介してある定理も，これに関係しています．）

事実： $p: \widetilde{Y} \to Y$ が「良い」被覆空間であって，$\widetilde{Y}$ が弧状連結かつ $\pi_1(\widetilde{Y}, \widetilde{c}) = \{e\}$ ならば，Y の基本群 $\pi_1(Y, c)$ は，写像 p による定点 c の逆像 $p^{-1}(c)$ と一対一対応します．その対応は，$p^{-1}(c)$ の要素となる $\widetilde{Y}$ の点に対し，$\widetilde{Y}$ の定点 $\widetilde{c}$ からその点までを結ぶ道筋を作って（弧状連結なので作れます）それを p によって Y の道筋に落としたもの（Y の道筋なので $\pi_1(Y, c)$ の要素を定めます）を対応させるものです．

　「良い」被覆空間であるとはどういう条件なのかは，この本では省略させて頂きます．あまり細かいことは気にせず，それよりも被覆空間という

CHAPTER 8

図形(幾何学的なもの)と,基本群(代数的なもの)との結びつきをよく観察してみることの方が重要だと思います.まずは,さきほど挙げたいくつかの例が,すべてこの「事実」に当てはまっていることを確認しておいて下さい.

> **問題8.3** 問題 8.2 で確かめたように,「ねじれのない帯」$M_0 = [0, 1] \times S^1$ と,それから境界部分を除いたもの $(0, 1) \times S^1$ の被覆空間は,それぞれ $[0, 1] \times R^1$ と $(0, 1) \times R^1$ でした.(後者は $R^2 - \{0\}$ と同相な図形でした.)
>
> では,これらの図形(「帯」)を,うまくトーラス面 T^2 の部分集合として埋め込むことによって,帯の基本群である $\pi_1(R^2-\{0\}, c) = \{g^n | n \in Z\}$ が,トーラス面の基本群 $\pi_1(T^2, c) = \{f^m g^n | m, n \in Z\}$ の「**部分群**」と考えられることを示して下さい.

さて,こうして球面 S^2 とトーラス面 T^2 が「違う」ことがわかりました.球面の基本群は自明な群 $\{e\}$ で,トーラス面の基本群は生成元2個の自由可換群 $\{f^m g^n | m, n \in Z\}$ です.これらが群論的に「違う群」であるという事実から,S^2 と T^2 が図形として本質的に違う性質を持つことが判定できたのです.これと同様の議論をすれば,さきほど「手術」で次々に作った「n人乗りの浮き輪の表面」K_n ($n = 0, 1, 2, \cdots$) についても,同様の議論でそれらがすべて互いに「本質的に違う」曲面であることが言えます.K_n の基本群はかなり複雑な群ですが,とにかく K_n には n 個の「輪」の部分があり,それら一つの「輪」ごとに,v_x と v_y に相当する2個ずつの新たな「縮まない道筋」が生ずるため,n が違う K_n どうしは決して同相にならないことが示されるのです.結局,K_n ($n = 0, 1, 2, \cdots$) という,互いに異なる「コンパクト曲面」の種類があることがわかります.

曲面の分類を試みる

問題8.4　「2人乗りの浮き輪の表面」K_2の基本群が，「平面R^2から二点を除いたもの」$Y = R^2 - \{(0, 0)\} - \{(1, 0)\}$（問題4.7に出てきたもの）の基本群を（部分群として）含むことを示して下さい．

問題8.5　$Y = R^2 - \{(0, 0)\} - \{(1, 0)\}$の基本群が**非可換**であること，つまり，**交換法則**$fg = gf$が必ずしも成り立たない群であることを示して下さい．また，「2人乗りの浮き輪の表面」K_2の基本群も非可換であることを示して下さい．

では，「コンパクト曲面」はそれ以外にないのでしょうか？ 実は，まだ別のものがあるのです．それらについて説明する前に，ここでもう一度第4章「らせん階段を登る」に戻りましょう．その章の最後のところで，「メビウスの帯」が出てきたことを思い出して下さい．

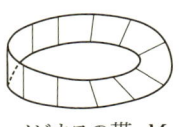

メビウスの帯　M_1

これは「境界を持つ曲面」ですが，その大きな特徴として「向き付け不可能である」という性質があります．（「らせん階段を登る」の章の最後のところを見て下さい．）この曲面には，表側と裏側の区別が付けられないのです．（こちらが表側，と決めて面の上をたどって行くと，いつのまにか出発点の裏側に来てしまいます．）このように，（境界を持つものも持たないものも）曲面には「向き付け不可能」なものと「向き付け可能」なものとがあります．さきほど調べてきたコンパクト曲面

K_n ($n=0,1,2,\cdots$) たちはすべて「向き付け可能」であったことに注意しましょう．最初の 2 次元球面 S^2 には表側と裏側の区別があります．それにさきほどの「手術」の操作を何度繰り返して施しても，「向き付け可能」なものを手術した結果はやはり「向き付け可能」で，従って K_n たちはすべて「向き付け可能」です．

ですから，「向き付け不可能」なコンパクト曲面があれば，それは K_n のいずれとも「本質的に異なる」ものです．そういうものを作るには，次のようにします．

まず，メビウスの帯 M_1 から出発します．これは境界を持つ曲面で，その境界線上を指先でたどれば，その境界がひとつの円周であることがわかります．そこで，その円周と同じ長さの周囲を持つ，円板 D^2 をひとつ用意します．そして，このメビウスの帯 M_1 と円板 D^2 とを，共通の境界である円周に沿って貼り合わせます．その結果は，（境界と境界とをすっかり貼り合わせてしまったのですから）境界のない，コンパクトな曲面

$$P^2 = M_1 \cup_{S^1} D^2$$

が出来上がるわけです．この曲面 P^2 を，2 次元実射影空間と言います．

この曲面 P^2 に，さきほどの「手術」の操作を施すこともできます．それを何度も繰り返すこともできますので，n 回繰り返したものを L_n としましょう．実は，「向き付け不可能」なものを手術した結果はやはり「向き付け不可能」になるので，こうしてできる一連の新しい曲面 L_n たちもすべて「向き付け不可能」となります．

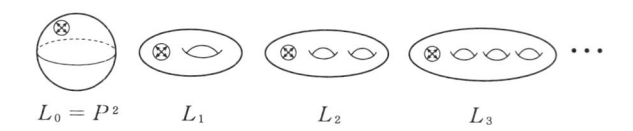

さらにもう一つ別の曲面として，クラインの壺と呼ばれるものもあります．詳しい説明は省略させて頂きますが，これも「向き付け不可能」な曲面です．（一言で言えば，筒 $[0, 1] \times S^1$ の両端をそのまま貼り合わせればトーラス面 T^2 ができるのに対して，両端を「裏返してから」貼り合わせたものがクラインの壺です．）これを B_0 と呼ぶことにすると，それに手術を n 回施したもの B_n ($n = 0, 1, 2, \cdots$) もまた「向き付け不可能」な曲面です．この本では詳しい証明は述べませんが，実は以上が「コンパクトな曲面」の完全な分類の結果なのです．定理の形に述べると，

> **定理** コンパクトな曲面，すなわちコンパクトで連結な，境界のない2次元多様体は
> $$K_0 = S^2,\ K_1 = T^2, K_2, K_3, K_4, \cdots$$
> $$L_0 = P^2, L_1, L_2, L_3, L_4, \cdots, B_0, B_1, B_2, B_3, B_4, \cdots$$
> のいずれかと同相である．また，ここに挙げたものはいずれも互いに同相でない．

となります．つまり，向き付け可能なコンパクト曲面は球面に何回か手術を施したもののいずれかで，向き付け不可能なコンパクト曲面は射影空間またはクラインの壺に何回か手術を施したもののいずれかである，と分類され，こうして「コンパクトな曲線」と「コンパクトな曲面」については非常に具体的ですっきりした分類の結果が得られます．

問題8.6 球面 S^2，トーラス面 T^2，射影空間 P^2 のオイラー数をそれぞれ計算して下さい．（オイラー数の**定義**は，第10章に書いてあります．）

CHAPTER 8

> **問題8.7** たった今紹介した定理（コンパクト曲面の分類定理）にリストされたコンパクト曲面のオイラー数を，すべて計算して下さい．（クラインの壺 B_0 のきちんとした定義は，文献で調べて下さい．

さて，次の章は「無限に拡がる曲面−世界の果て」と題して「コンパクトでない曲面の分類」をテーマに取り上げます．コンパクトな曲面については非常にすっきりした分類の結果が得られたわけですが，「コンパクト」という制限を外すとどんな現象が起こるか，どんな新しい可能性が生まれるか，自由に想像を膨らませてみると面白いと思います．どうぞ，考えてみて下さい．

CHAPTER 9
無限に拡がる曲面───世界の果て

　前の章では「曲面の分類を試みる」と題して，2次元コンパクト連結多様体の分類について考えました．この章では「無限に拡がる曲面 ──世界の果て」と題して，コンパクトでない多様体の場合と，無限領域の処理のための方法について考えてみたいと思います．

　第7章と第8章の結果からもわかるように，曲線や曲面の分類についてはコンパクトなものに話を限ればすっきりとした分類の結果が得られます．もっと高次元の多様体 X についても，実はコンパクトなものならば分類の手段がいろいろとあり，美しい結果もたくさん得られています．けれども，これらの美しい結果は，コンパクトでない多様体についてはそのままではうまくいきません．その理由を，振り返って考えてみましょう．

　これまで私たちが考えてきた方法の基本は，各点の近傍における性質（$\varepsilon\delta$ 論法によって具体的なことが理解できるような，ローカルな性質）が出発点となり，X そのものの性質を調べるためにそれら個々の点での性質を組み合わせることによって全体（グローバルな性質）を判断してゆく，というものでした．

　X がコンパクトな場合には，それらの近傍たちのうちから有限個を選んで X 全体を覆うことができることが保証されていましたから，有限個の情報の組み合わせだけで全体の状況がわかる道が開けていました．第7章のコンパクト曲線の分類も，（その証明を見直して頂ければお

わかりのことと思いますが）まさにこの方法の具体的な応用例となっていました．

ところが，もしも X がコンパクトでなければ，この方法はとたんに崩れ去ってしまいます．各点の近傍における性質がすべてわかっていたとしても，X がコンパクトでなければそれらのうち有限個で X 全体が覆われるとは限らず，X のグローバルな性質を知るためには**無限個**の別々の情報を寄せ集めることが必要になるからです．

具体例を一つ考えてみましょう．コンパクトでない曲面の代表的な例は，平面 R^2 です．これはどこまでも無限に広がっていますから，たとえば U_n を原点中心，半径 n の円の内部の領域とすると，$n = 1, 2, 3, \cdots$ でこれらの U_n を全部寄せ集めれば，$\bigcup_{n=1}^{\infty} U_n = R^2$ となって平面 R^2 全体を覆い尽くしますが，U_n のうちどの有限個を選んでも平面 R^2 全体を覆い尽くすことはあり得ません．（有限個では最大半径のものがありますから，原点からそれより遠い距離にある点まで届くことができないからです．）

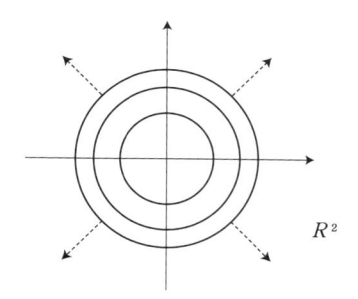

第 5 章「無限に延びる柱」でも出てきたように，（らせん階段で一階分登るごとに別々に）無限個の異なった近傍たちの中でそれぞれ勝手に自由な変形を（例えば第 8 章で出てきた「手術」を）施せば，無限個の自由な変形ができてしまい，そのうちどのように有限個を選んでもそれだけ

では全体の情報がカバーできないという状況が生まれてしまいます．これでは，図形全体の形を知りたくても満足な情報は得られないでしょう．

　というわけで，コンパクトでない図形をそのまま扱って分類を試みようとするのは非常に難しい問題であることがおわかり頂けたでしょうか．コンパクトでない図形においては，何らかの（「一様連続」に相当するような）条件を課して考えないと議論が破綻をきたしてしまうわけです．そこで以下では，勝手な無限挙動を許すのではなく，その代わりに「無限に遠いところで起こっている状況」に関して典型的なパターンを選び，そのうちで「ある程度良い挙動」をするものたちだけに対象を絞って考えることにします．

　コンパクトでない図形には，何らかの無限挙動が起こる個所が含まれています．ここでは，そういう個所を「世界の果て」と呼ぶことにしましょう．（数学用語では"end"と言います．）以下では，その「果て」において「ある程度良い無限挙動」のみが起こると仮定します．（数学用語では"tame end"と言います．）「果て」においては良い無限挙動のみが起こり，それ以外の部分においてはコンパクトな図形と同様の有限挙動しか起こらない，そのような図形を考えようというわけです．

世界の果て

　はるか昔には，「世界」は平らな円板のようなもので，「世界の果て」では滝のように海の水が流れ落ちていると信じていた人もいたようですが，そのような「世界」では，その「滝」の近傍 V のみで異常なことが起こっ

CHAPTER 9

ているわけで，その部分がこの章のテーマです．

一般に M をコンパクトでない多様体とし，$V \subset M$ を "end"（「世界の果て」）とすると，その「果て」以外の部分，つまり $A = M - V$ は無限挙動のない部分，つまりコンパクトな部分集合です．さて，これからその中で「ある程度良い挙動」をするもの，つまり "tame end" を考えるのですが，その厳密な定義を与えることはここではしません．ただ，感覚的に言えば，それは「果て」の部分であまり異常な状態になっていない，というような意味です．

その中で特に，「さらに良い」ものと考えるべき場合があります．それは，M がある境界を持つコンパクト多様体の**内部**になっているような場合です．$\overline{M}$ を，境界を持つコンパクト多様体とします．（例えば前の章に出てきた円板 D^2 は，境界を持つコンパクト曲面です．）その境界部分を $\partial \overline{M}$ とし，それ以外の部分

$$\overline{M}^\circ = \overline{M} - \partial \overline{M}$$

（これを $\overline{M}$ の**内部**と呼びます）を考えて，それを M とおくと，この $M = \overline{M}^\circ$ はコンパクトでない多様体ですが，これが「良い無限挙動」の典型的な例となっています．（例えば $\overline{M} = D^2$ の場合には，$\overline{M}^\circ$ は開円板 $(D^2)^\circ = \{x \in R^2 \mid \|x\| < 1\}$ です．）

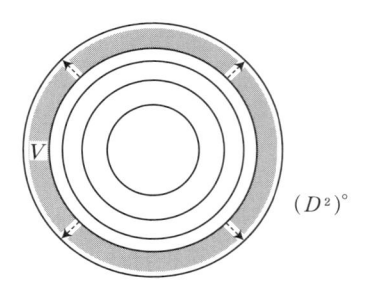

この図が，さきほどの R^2 のものと**同じ**図であることに注目して下さ

い．そう，開円板 $(D^2)^\circ$ と平面 R^2 とは同相であって，どちらも同じ「良い無限挙動」の典型的な例です．平面上で無限遠のかなたに向かう「果て」と，開円板上で(開なので存在していない)境界部分に向かう「果て」とは，同じ無限挙動なのです．

一般に，境界を持つコンパクト多様体 $\overline{M}$ の中でその境界部分 $\partial \overline{M}$ が良い状態である(数学用語で言えば「カラー付き近傍」O を持つ)場合には，その"end"である V を $V = O \cap M$ (つまり $V = O - \partial \overline{M}$)とおけて，実はこれが"tame end"の条件を満たします．

このような M では，「果て」に近づくときに全く無軌道な無限挙動が許されるわけではありません．この M においては，それがコンパクトな $\overline{M}$ に含まれていて，
無限挙動は $\overline{M}$ の中で $(\overline{M})^\circ$ が $\partial \overline{M}$ に近づくような挙動のみに制限されている，という大きな条件，無限挙動についての大枠のコントロールが課されているので，具体的に調べることのできる望みがあるのです．

"tame"でない"end"の例として最も有名なのは，いわゆる「野生的な曲面 (wild surface)」と呼ばれるものです．遠くに行けば行くほど際限なく複雑になる，そんな曲面(あるいは曲面の座標空間への埋め込み)のことです．岩波の「数学辞典 第4版」の 82.B 項 (226 ページ) に，いくつか wild surface の例が紹介してあります．その他，幾何学的トポロジーや結び目理論などの文献を探せば，いろいろなおもしろい実例が見つかるでしょう．

「良い」無限挙動を分析しようとするときによく使われるテクニックで，「Eilenberg のイカサマ (Eilenberg's Swindle)」と呼ばれるものを紹介しましょう．名前は悪いですが，数学的にはこれはイカサマでもペ

CHAPTER 9

テンでもないのです．実例として，これを使った定理を一つ挙げてみましょう．

まず，二つの n 次元多様体 M と N の間に「膜が張れる」と仮定します．つまり，境界を持つ $n+1$ 次元の多様体 W があって，その W の境界がちょうど M と N とから成っているとします．数学用語で，これを M と N が "bordant" であると言います．例えば，M に「手術」を施した結果が M' であれば，M と M' は "bordant" です．（前の章の図を見て下さい．）

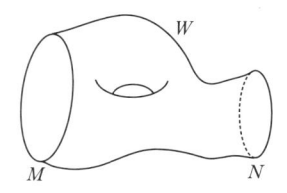

この「膜が張れる（bordant）」という関係は「同相」よりもずっと弱い関係ですが，同相ならば自動的に膜が張れます．なぜなら，多様体 M と閉区間 $I=[0,1]$ の直積多様体 $W=M\times I$ を考えると，この W の境界は2個の M（$M\times\{0\}$ の部分と $M\times\{1\}$ の部分）ですが，その片方は M であり，もう片方はそれと同相な相手の多様体に同相だからです．

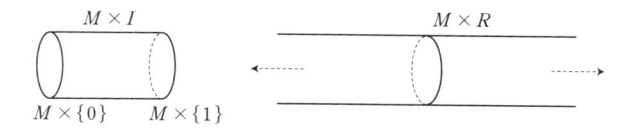

問題9.1 トーラス面 T^2 と球面 S^2 が bordant であることを示して下さい．（両者は，同相ではありませんが, bordant です．）

無限に拡がる曲面　世界の果て

> **問題9.2**　射影空間 P^2 が，球面 S^2 と bordant でないことを示して下さい．（従って問題 9.1 より，トーラス面 T^2 とも bordant ではありません．）

さて，定理というのは次のようなものです．

> **定理**　M と N が「十分次元の高い」多様体で，それらの間に「膜が張れ」ていて，しかもそれらの間に「h–同値」と呼ばれる関係が成立していたと仮定すると，直積多様体 $M \times R$ と直積多様体 $N \times R$ は互いに同相になる．

残念ながらこの本では「h–同値」の定義を説明することはできませんが，「M と N が h–同値」というのは「M と N が同相」よりもずっと弱い関係であることだけ言っておきましょう．つまり，M と N が同相でなくても，（その間に膜が張れていて）h–同値になることはよくあるのです．この定理は，そんな場合でも（M と N が同相でなくても）$M \times R$ と $N \times R$ は同相になるのだ，と言っています．

注意：問題 9.1 の例で，トーラス面 T^2 と球面 S^2 の間には膜が張れるので bordant でしたが，この両者は「h–同値」ではありません．$T^2 \times R$ と $S^2 \times R$ は，同相ではありません．

この定理の証明の要点だけ，説明してみましょう．最初の要点は，（これは s–cobordism 定理と呼ばれる幾何学的トポロジーの結果なのですが）h–同値な膜が張れている場合にはその「膜」となる $n+1$ 次元多様体 W と，それを「上下にひっくり返したもの」W' とを貼り合わせ

109

たものが，M や N に閉区間 $I=[0,1]$ を直積したものと同相になる，という事実です．

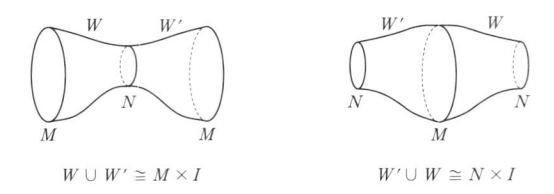

$$W \cup W' \cong M \times I \qquad W' \cup W \cong N \times I$$

これを無限個つなぎ合わせて，$\cdots \cup W \cup W' \cup W \cup W' \cup \cdots$ という図形を考えてみましょう．すると，次の同相関係が成り立ちます．（第5章「無限に延びる柱」を思い出して下さい．）

$$\begin{aligned}
M \times R &= \cdots \cup (M \times I) \cup (M \times I) \cup \cdots \\
&\cong \cdots \cup (W \cup W') \cup (W \cup W') \cup \cdots \\
&\cong \cdots \cup W \cup W' \cup W \cup W' \cup \cdots \\
&\cong \cdots \cup (W' \cup W) \cup (W' \cup W) \cup \cdots \\
&\cong \cdots \cup (N \times I) \cup (N \times I) \cup \cdots \\
&= N \times R
\end{aligned}$$

さきほどの図の二種類の同相関係から，この「無限個のつなぎ合わせ」は，一方では $M \times I$ を繰り返しつなぎ合わせたものと同相であり，他方では $N \times I$ を繰り返しつなぎ合わせたものと同相であることになるので，結局 $M \times R$ と $N \times R$ の間の同相が作れるのです．つまり，M と N とは同相でなくても，定理の条件さえ満たせば $M \times R$ と $N \times R$ とは同相になるということです．　　　　　　　　　　　　　　　□

ここに無限の不思議さを感じ取って頂けたでしょうか．有限の世界

ならばどのような操作をしても「誤差」が生じてしまって完結しない操作も，良い無限挙動の場所においては，このようにして**誤差を無限のかなたに押しやる**というテクニックが使えるので（例えばこの定理の場合には $M \times R$ と $N \times R$ の誤差が消滅して）有限の世界とは違う現象が作り出せるのです．いわば，無限の存在があるからこそ生まれた自由度，というところでしょう．これが「Eilenberg のイカサマ（Eilenberg's Swindle）」です．

さて，このような無限挙動を分類しようとする際に，無条件な操作が許されて収拾がつかなくなることを防ぐためには，「収拾がつく」ような変形のみに注目することが必要です．そこで，自然に考えられるのが**動きの小さい変形**という概念です．

ところが，多様体（図形）というものは一般に同相なものは同じと考えるので「大きい」とか「小さい」とかいう概念をそのまま直接にあてはめることはできません．そういうものを考えるためには，何か「大きさ」の基準となる尺度が必要となります．ここで登場するのが，$\varepsilon\delta$ 論法です．無限の世界の操作に $\varepsilon\delta$ 論法による「大きさ」の量的なコントロールを持ち込むことで，無限の世界特有の「自由度」の本質を見極めつつ，分類の作業をすることができるのです．定義を書けば，次のようになります．

定義 多様体 M について，長さを測ることのできる基準となる空間 Y があって連続写像 $p: M \to Y$ が定められており，M における変形がやはりこの連続写像 p を伴ったものであって，正の数 ε に対して M の "end" を（さらに「果て」に近い）小さいものに取り替えればその中での変形を連続写像 p で空間 Y に写したときの変位の大きさが ε より小さいものに収まるとき，その変形を ε – **変形**と言う．

この本では，多様体はすべて（大きな次元の）座標空間 R^m の中に埋め込まれていると仮定しています．ここでは，その R^m を基準の空間と考えて，その中で（有限の範囲の中に置かれている）多様体の中の"end"において，その R^m の中で測った長さによって $\varepsilon\delta$ 論法の評価をおこないます．言い替えれば，そうやって測った長さが ε 以内という範囲内での変形を「動きの小さい」変形と考えます．

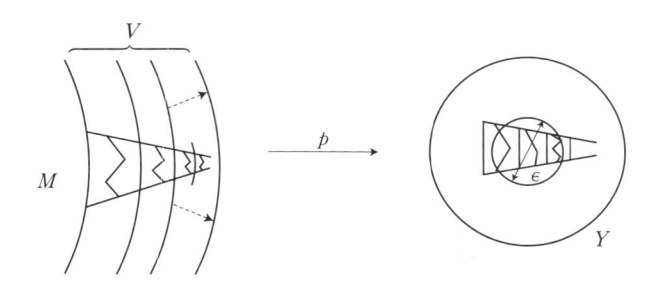

例えば M が境界を持つコンパクト多様体 $\overline{M} = M \cup \partial\overline{M}$ の内部になっている場合には，V は有限面積の $\overline{V} = V \cup \partial\overline{V}$ に含まれているわけですから，それを足掛かりに解析学の計算が実行できるようになります．すると，この ε - 変形をもとにして，多様体の変形の列が（Y における長さで測って）**収束する**という概念が生まれます．実は，より一般の"tame end"においてもこの考え方を一般化することが可能で，「良い」無限挙動を分類することもできているのです．

最後に，そのような応用の具体的な一例を挙げておきましょう．"tame end"のうちでどのようなものが「最も良い」ものになるか，つまり，M の境界となるべき $\partial\overline{M}$ をうまく探し出してそれを M に貼り付けることによって，M が境界を持つコンパクト多様体 $\overline{M}$ の内部となるようにできるかどうかという判定条件を考えると，実は，それが ε - 変形の言葉を使った条件に書き直せることが知られています．M の ε - 変形に関する代数的な条件を調べることによって，その（コンパクトでない）

多様体に対してグローバルに「境界を添付する」ことが可能か不可能かという条件を，その代数的条件の計算結果を用いて判定することができるようになるのです．

　というわけで，この章の内容を一言でまとめれば，コンパクトでない多様体においての無限挙動では，無条件では収拾のつかないことになるけれども，$\varepsilon\delta$論法を使った無限挙動の設定を施すことで，コンパクトなものについての情報を足掛かりにした新しい結果が得られることもある，ということです．無限とは，有限のものたちの極限です．こうして，有限なものでしかない私たちの知識も，無限に迫ることができます．その橋渡しの道具こそ，$\varepsilon\delta$論法なのです．
　次の章では少し話題を変えて，「局所から大域へ」と題し，もっと具体的，数量的な計算，つまり$\varepsilon\delta$論法を使った議論による局所的情報が，いかにして図形の大域的性質に結び付くかという実例を考えてみたいと思います．

> **問題9.3** 第8章の手術の構成を無限に続けて作った「無限の人数が乗れる浮き輪の表面」$M = K_\infty$
>
> $$M = \text{（図：右に無限に続く浮き輪の表面）}$$
>
> を考えます．
> ここにどのような境界$\partial\overline{M}$を貼り付けても，$\overline{M} = M \cup \partial\overline{M}$ が境界付きのコンパクト多様体であってその$\overline{M}$の内部$(\overline{M})^\circ$がこの$M = K_\infty$に等しくなるようにすることは不可能であることを示して下さい．

CHAPTER 9

問題9.4 今の問題 9.3 の 2 次元多様体 $M = K_\infty$ は,「一つの輪の近傍」を, たくさん並べたものです.

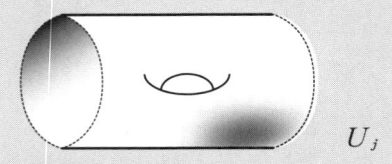

(両端の「切り口」は, 境界線を含まない「開いた」切り口です.)
これは $M = K_\infty$ の開集合で, $M = K_\infty$ はこのような近傍の無限個で覆われています. (隣どうしは, 互いに少しオーバーラップするように重ねて繋ぎます.) それらの近傍に順番に番号を付けて $U_0, U_1, U_2, \cdots$ とします. (ただし, U_0 だけは左側を閉じた面にしておきます.) すると, $M = K_\infty = \cup_j U_j$ となり, しかも U_0 以外のすべての U_j は互いに同相になっています.

この M を, あらためて 3 次元座標空間 R^3 に埋め込み直して, M の "end" が「動きの小さい」変形と考えられるようにして下さい. つまり, 埋め込み $f: M \longrightarrow R^3$ を取り直して, 任意の正の数 ε に対して, ある整数 N があって, 番号 n が $n > N$ の範囲ならば M の "end" 部分

$$V_n = \cup_{j > n} U_j \subset M = K_\infty$$

の埋め込み f による像が, R^3 の中で半径 ε の球の内部に入るようにして下さい.

CHAPTER 10

局所から大域へ

　前の章では「無限に拡がる曲面−世界の果て」と題して「無限領域の処理のための方法」をテーマに取り上げました．この章では「局所から大域へ」と題して，$\varepsilon\delta$ 論法を使った計算による局所的情報が，いかにして図形の大域的性質に結び付くのかの実例を考えてみたいと思います．

　第 2 章「穴のどちら側を通るか」でも触れましたが，(例えばある経路が穴の右側を通るか，それとも左側を通るかというような) 図形的性質を判定するために，$\varepsilon\delta$ 論法をもとに計算して出した数値 (例えば「穴のまわりの中心角」のような数値) を調べることが有効なことはよくあります．その例でもそうでしたが，多くの場合その計算は**積分**という形をとります．

　では，まず初めに，平面上の関数の，経路に沿った**線積分**について考えてみましょう．(二変数) 関数 $f(x, y)$ を，xy 平面上のある領域 D (例えば平面から原点だけを除いた部分 $R^2 - \{0\}$) を定義域に持つ関数とします．一方，経路 $g(t)$ $(t \in [0, 1])$ は，その (xy 平面上の) 領域 D の中を動くもの (つまり $g : [0, 1] \longrightarrow D$ という連続関数) とします．この経路を便宜上 C という記号で表わすことにします．

　このとき，関数 $f(x, y)$ の経路 C に沿った線積分とは，経路 C 上の各点ごとに，その点での関数 f の値と，何らかの微小変化量とを掛け合わせた積を通算した積分のことです．その微小変化量として「x 座標の変化」「y 座標の変化」「中心角 θ の変化」などを選んで考えるごとに，それぞれ

$$\int_C f(x, y)dx, \quad \int_C f(x, y)dy, \quad \int_C f(x, y)d\theta$$

などという記号で，それぞれのタイプの線積分を表わします．

さて，第 2 章では今述べた単純な線積分を使って「中心角」という概念を考えたのですが，ここではもう一歩複雑なことを考えてみましょう．それは，単なる関数 $f(x, y)$ を線積分するのではなくて，**ベクトル場** $\vec{v}(x, y) = (P(x, y), Q(x, y))$ を線積分する，という考え方です．関数というのは，平面上の各点 (x, y) ごとに一つずつの数値 $f(x, y)$ が対応しているものですが，ベクトル場というのは，平面上の各点 (x, y) ごとに一つずつのベクトル $(P(x, y), Q(x, y))$ が対応しているのです．例えば天気図で各地点ごとに風向きのベクトルを考えたり，地表面を水が流れるときに各地点ごとにその地点での水の流れの速度ベクトルを考えたりと，ベクトル場の日常的な実例はいくつも考えられるでしょう．

このようなベクトル場 $\vec{v}(x, y) = (P(x, y), Q(x, y))$ に対して，次のような線積分を考えます．

$$\int_C (P(x, y)dx + Q(x, y)dy)$$

つまり，ベクトル場 $\vec{v}$ の x 成分を x 座標の変化について線積分し，ベクトル場 $\vec{v}$ の y 成分を y 座標の変化について線積分して，その結果を足し合わせるのです．

このような線積分に関して，Green の定理と呼ばれる定理があります．それを説明する前に，**単純閉曲線** を定義しておきましょう．平面上の経路 C が $g(t)$ ($t \in [0, 1]$) とパラメータ表示されているとき，その始点と終点が一致する場合（つまり $g(0) = g(1)$ となる場合）にこれを閉曲線（閉じた曲線）と言います．さらに，始点と終点以外では曲線が自分自身と交わらない場合（つまり $s \neq t$ で $g(s) = g(t)$ となるのは s と

t が 0 と 1 のどちらかであるときに限るという場合) にこれを単純閉曲線といいます．特にその場合，曲線としての経路 C は第 7 章「曲線を分類する」で扱った「コンパクトで連結な 1 次元多様体」となっています．(従ってそのときの結果により図形としては円と同相です．)

さて，ここで xy 平面上に領域 D があって，前の章で述べた意味でその領域に「境界を添付する」ことができ，その結果の $\overline{D}$ がコンパクトであったとします．さらに，その境界部分 $C = \partial \overline{D}$ が単純閉曲線となっていると仮定します．このことを，「領域 D が単純閉曲線 C で囲まれている」と言います．

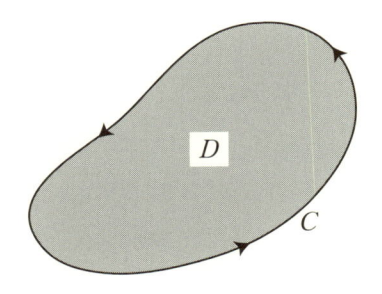

さらに，この領域 D には「穴があいていない」と仮定します．つまり，領域 D の内部におけるどんな閉曲線の経路を考えても，それが必ず D の内部で連続的に一点に縮めることができるとします．第 2 章で考えたような「通れない点」が無い，と仮定するわけです．(これを数学用語でその領域が**単連結**であると言います．) この状況の下に，次の定理が成り立ちます．証明については解析学の教科書を参照して下さい．

Green の定理：上記の仮定の下に，つまり単純閉曲線 C で囲まれた領域 D が単連結であった場合に，$\overline{D}$ を含む範囲で定義された滑らかなベクトル場 $\vec{v}(x, y) = (P(x, y), Q(x, y))$ について，次の等式が成り立つ．

$$\iint_{\overline{D}} \left\{ \frac{\partial Q}{\partial x} - \frac{\partial P}{\partial y} \right\} dxdy = \int_C (P(x, y)dx + Q(x, y)dy)$$

次に、この定理の応用を考えてみましょう．仮定として、今考えているベクトル場 $\vec{v}(x, y)$ が、すべての点 (x, y) において

$$\frac{\partial Q}{\partial x} = \frac{\partial P}{\partial y}$$

という条件式を満たしていたとします．（ベクトル解析の用語では、この条件式を $\mathrm{rot}\,\vec{v} = 0$ と書き、ベクトル場の**回転**が 0 であると言います．）以下では、ベクトル場 $\vec{v}(x, y)$ は常に $\mathrm{rot}\,\vec{v} = 0$ つまりすべての点 (x, y) で上記の条件式を満たしていると仮定しましょう．このとき、そのようなベクトル場 $\vec{v}$ に対する**ポテンシャル関数** $F(x, y)$ というものを、次のようにして定義します．

まず、領域 D の中に基準となる始点 O を選んで固定しておきます．領域 D の中の任意の点 (x, y) に対して、O を始点とし (x, y) を終点とするような経路 C を自由に選びます．そして、その経路 C に沿ったベクトル場 $\vec{v}(x, y)$ の線積分

$$\int_C (P(x, y)dx + Q(x, y)dy)$$

を考え、その値を $F(x, y)$ とおくのです．

重要なことは、Green の定理によって、この線積分の値が経路 C の選び方によらずに一つの値に決まるということです．二通りの経路 C_1 と C_2 を選んだとすると、それら二つの経路の間はいくつかの単連結な領域によって「膜が張られた」状態になっています．全体領域 D が単連結ですから、これらの「膜」のそれぞれはすべて D の内部に含まれています．従って Green の定理をそれぞれの「膜」の部分に適用すると、等式の左辺の重積分の項は仮定 $\mathrm{rot}\,\vec{v} = 0$ により 0 となりますので、右辺も 0 となり、結局問題の線積分の値が「膜の右側を通っても左側を通っても」差し引き 0、つまりどちらの経路を通った線積分もその値に差がないことがわかります．

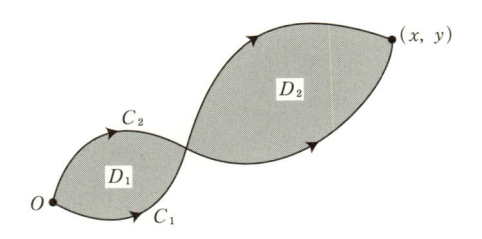

こうして，$\mathrm{rot}\vec{v}=0$ を満たすようなベクトル場 $\vec{v}(x,y)$ に対しては，「始点 O からその点までの経路による線積分」という操作によって，その経路の選び方によらず値の決まる関数 $F(x,y)$ が定義されます．これを，そのベクトル場のポテンシャル関数と言い，力学においては基礎的な概念となっています．（ここまで述べてきたのは 2 次元平面上での話でしたが，3 次元空間での力学を考える場合には，平面での Green の定理に相当するものとして Stokes の定理というものがあり，それを使って空間上でのポテンシャル関数を構成します．詳しいことは力学の教科書をお読み下さい．）

> **問題 10.1** （1） ベクトル場 $\vec{v}(x,y)$ に対するポテンシャル関数 $F(x,y)$ があったときに，
> $$\mathrm{grad}\, F = \left(\frac{\partial F}{\partial x}, \frac{\partial F}{\partial y}\right)$$
> というベクトル場が，もとのベクトル場 $\vec{v}(x,y)$ と一致していることを示して下さい．
> （2） 逆に，なめらかな関数 $F(x,y)$ が与えられたときに，
> $$\vec{v} = \left(\frac{\partial F}{\partial x}, \frac{\partial F}{\partial y}\right)$$
> とおけば，このベクトル場が $\mathrm{rot}\,\vec{v}=0$ を満たしていることを確かめて下さい．

CHAPTER 10

> **問題10.2** 連結な領域 X 上で，ベクトル場 $\vec{v}(x, y)$ に対するポテンシャル関数 $F(x, y)$ があるとき，もしもそのベクトル場に零点がなければ（つまりすべての点 $(x, y) \in X$ で $\vec{v}(x, y) \neq 0$ ならば）任意の2つの値 a と b に対して図形 $M_a = \{(x, y) \in X \mid F(x, y) = a\}$ と図形 $M_b = \{(x, y) \in X \mid F(x, y) = b\}$ は互いに同相であることを示して下さい．

さて，ここで第2章「穴のどちら側を通るか」を思い出して下さい．平面の上に「穴があいている」場合，例えば $R^2 - \{0\}$ の上でものごとを考える場合には，穴があいていない場合と違った異常なことが起こるのでした．それは「穴のどちら側を通るか」によって経路積分の値が異なるということで，「穴があいている」場合には**単連結**という条件が成立しなくなるために，さきほどの「膜の右側を通っても左側を通っても差し引き0」ということが言えなくなるからなのです．具体的に計算で確かめてみましょう．

ベクトル場 $\vec{v}(x, y) = (P(x, y), Q(x, y))$ の実例として

$$P(x, y) = \frac{-y}{x^2 + y^2}$$

$$Q(x, y) = \frac{x}{x^2 + y^2}$$

とおき，平面の極座標変換 $(x = r\cos\theta, y = r\sin\theta)$ を施して考えます．簡単な偏微分の計算によって

$$\frac{\partial Q}{\partial x} = \frac{\partial P}{\partial y}$$

すなわち $\text{rot}\,\vec{v} = 0$ が満たされることが確かめられます．従って Green の定理が適用できるのですが，実際に線積分を計算してみると

局所から大域へ

$$P(x, y)dx + Q(x, y)dy = 0\,dr + \frac{x^2+y^2}{r^2}d\theta$$
$$= d\theta$$

となって，線積分は

$$\int_C d\theta$$

という，まさに第 2 章で出てきた積分値そのものになります．そのときの考察を思い出せば，これは平面の原点のまわりの中心角を表わす値であって，大域的には 2π の整数倍という「あいまいさ」を伴ってしまう，一つには決まらないものでした．つまり，原点のまわりを大域的に何回まわっているかによって，その経路により値が 2π の整数倍だけくい違いを起こすものであったのです．

この「くい違い」が生じた原因は，今考えているベクトル場 $\vec{v}$ が原点では定義されていないものだからです．$P(x, y)$ も $Q(x, y)$ も，原点 $(0, 0)$ においては分母が 0 になるので値を持たないからです．だから Green の定理を適用する際に「膜」が原点を通ろうとする度に「膜が破れて」しまい，その左右で経路積分が一致するとは言えなくなってしまいます．つまり，$R^2 - \{0\}$ という領域が単連結でないことが原因です．こうして，領域が単連結でない場合には線積分を使って大域的な量を規定できないという事態が起こり得ます．

ところが，実はそのような事態こそが，新しい真実への扉なのです．局所的な計算をもとに大域的な量を定義しようとするときに遭遇する困難は，多くの場合その困難自体が図形の大域的な幾何的性質に起因しており，それを調べるために有力な手段ともなるのです．今の例では，この線積分の値に生じる 2π の整数倍という「あいまいさ」から「その誤差の分を 2π で割った値」という整数の数値が出ますが，この整数値こそ「回転数」（あるいは**写像度**）と呼ばれるものであって，「その経路が原点の

まわりを何回まわっているか」という大域的な幾何的性質を表現しているわけなのです．

さきほど述べた例では Green の定理（Stokes の定理）がそのような性質への手がかりとなりました．実は，他のいろいろな問題設定においても，それぞれの状況で何か一つの鍵となる定理があって，困難を乗り越える手がかりとして出てくることがあります．多くの場合，それは「積分定理」という形をとります．（Green の定理や Stokes の定理も，それぞれの状況での積分定理の役割を果たしています．）

最も単純な状況での積分定理の例として，高校で微積分を習ったときのことを思い出してみましょう．1次元での微分と積分に関することです．$f(t)$ を 1 変数関数とし，それを微分してから積分してみると（$f(0)=0$ と仮定しておけば）$f(x) = \int_0^x \frac{df}{dt} dt$ という等式が成り立ちます．「微分してから積分すると元に戻る」つまり「積分は微分の逆演算である」ということです．これは**微積分学の基本定理**と呼ばれ，やはり積分定理の一種です．Green の定理や Stokes の定理は，この定理の 2 次元や 3 次元への一般化とみることができるのです．

一般的に言って，局所的なデータに基づく計算によって求められる数値に「積分定理」を適用すれば大域的な図形の性質に新しい情報が得られる，というわけです．こうして，積分定理が，局所的な解析学と大域的な幾何学を結ぶ掛け橋となるのです．

> **問題 10.3** 力学の教科書を読んで，(2次元の $R^2-\{0\}$，あるいは 3 次元の $R^3-\{0\}$ での)「重力場」について調べ，$\mathrm{rot}\,\vec{v}=0$ であることを確認してから，そのポテンシャル関数を求めて下さい．

さて，少し話題を変えて，もう一つ別の，全く違った方法で定義さ

れる大域的な数値として，図形の「オイラー数」というものを考えてみましょう．

図形(多様体) M に対して，その**オイラー数** $\chi(M)$ を，次のように定義します．まず，その図形 M と同相な**複体**を選びます．これは M が曲線ならば「折れ線」，M が曲面ならば「多面体」のことで，頂点，辺，三角形のような，各次元ごとに一種類ずつの**単体**と呼ばれる標準的な図形の構成要素を定め，それらの単体を組み合わせてできる図形です．下の図の例では，M が 2 次元球面 S^2 のときに，それと同相な複体(多面体)として「正八面体」を選んでいます．

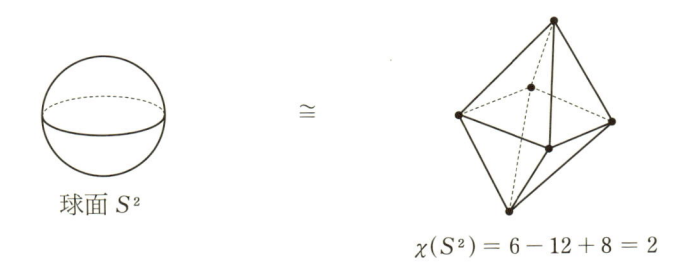

球面 S^2 $\cong$

$\chi(S^2) = 6 - 12 + 8 = 2$

そうして選んだ複体において，頂点の個数を c_0，辺の個数を c_1，n 次元の単体の個数を c_n として，

$$\chi(M) = \sum_{i \geq 0} (-1)^i c_i = c_0 - c_1 + c_2 - \cdots$$

のことを，もとの図形 M のオイラー数と呼びます．実は，この数値は図形 M を近似する複体の選び方によらず，同相な図形からは同じオイラー数が決まることがわかっています．これが純粋に大域的に定義された量であることに注意して下さい．一つの図形をそれと同相な別の図形に取り替えれば，局所的な性質は大幅に変わってしまいますが，それでもこのオイラー数という量は変わらずに同じ数え方で求められるのですから．

一方,今考えている図形(多様体)M の上にベクトル場 $\vec{v}$ があったとします.これは,M に属する各点 p ごとに,その点におけるベクトル $\vec{v}(p)$ が対応しているというものです.そのベクトルが零ベクトルになるような点 p のことを,そのベクトル場 $\vec{v}$ の**零点**と呼びます.一つ一つの零点ごとに,その点のまわり(十分小さい ε 近傍の内部)でのベクトル場の変化の挙動をもとにして**指数**と呼ばれる整数値が定義できます.(この整数値は,その零点のまわりを回る経路に沿ってベクトル場のベクトルによる回転数(写像度)で定義されるのですが,紙数の都合で定義は省略します.)

ここで注意して頂きたいのは,この「零点」とか「指数」とかいったものが純粋に局所的に定義されていることです.これらは,各点の ε 近傍の内部でのベクトル場の挙動だけで定まります.その意味でこれらはさきほどの「オイラー数」という大域的な量の対極に位置します.ところが,ここで次の定理が成り立ちます.

Poincaré-Hopf の定理:M がコンパクトな多様体,$\vec{v}$ が M 上の接ベクトル場で,その零点はすべて孤立している(つまり,一点の近傍の内部に無限個の零点が集まることはない)と仮定する.このとき,

$$\chi(M) = \sum \iota$$

という等式が成り立つ.左辺は M のオイラー数,右辺は $\vec{v}$ のすべての零点にわたってそれぞれの指数 ι を足し合わせた総和である.

これも,一つの「積分定理」です.オイラー数という大域的な量と,ベクトル場における指数という局所的な量との間に結びつきを与えているのです.

この定理から,特に次のことがわかります.もしも図形 M のオイ

局所から大域へ

ラー数が 0 でないならば，定理の等式から指数の総和が 0 でないことが従い，その場合**零点が少なくとも一個は存在する**ことが結論できます．(零点が一つもなければ総和は 0 でなければならないからです．)例えば，2 次元球面 S^2 のオイラー数は 2 なので，「2 次元球面上のベクトル場には必ずどこかに一つは零点がある」と言えます．地球上には，今この瞬間，必ずどこかに風力ゼロの地点が存在するのです．また，第 3 章で少し触れたように，人間の頭に必ず「つむじ」があるというのも同じ理由です．(ただし，いずれの例も，ベクトルがすべての場所で球面に接しているという前提での話です．)このように，積分定理を応用することによって局所的性質と大域的性質が互いに制限を与え合うことがわかり，そこから新しい情報が生まれることもあるのです．

> **問題 10.4** 問題 8.6 で計算したように，トーラス面 T^2 のオイラー数は $\chi(T^2)=0$ です．では，トーラス面 T^2 の上に，すべての場所でトーラス面に接しているようなベクトル場で，零点を一つも持たないものを作って下さい．

> **問題 10.5** 2 次元球面 S^2 の上に，すべての場所で球面に接しているようなベクトル場で，零点が **一個だけ** しかないものを作って下さい．$\chi(S^2)=2$ なので，Poincaré-Hopf の定理によってその零点でのベクトル場の指数は 2 ですが，その例において，零点の周囲でベクトル場がどのような挙動をしているかを観察して下さい．

問題 10.6　（1次元有限複体のオイラー数）

　オイラー数は，必ずしも多様体と同相ではない，もっと一般の複体についても考えることができます．その中でも最も簡単な場合の一つを考えましょう．X を，有限個の頂点と有限個の辺だけから成る複体（1次元有限複体）とします．1次元多様体は，すべて1次元複体と同相です（コンパクトな1次元多様体は1次元有限複体と同相です）が，複体においては「枝分かれ」を許すので，第7章でも少し触れたようにそういうものは1次元多様体とは同相になりません．

　さて，ここでは1次元有限複体 X に対して「縮約」という操作を考えましょう．それは，「孤立して飛び出している枝を根元の頂点に縮める」ことと，「枝分かれもなく連続している2つの辺を1つの辺で取り替える」こととを，何度か繰り返す操作です．

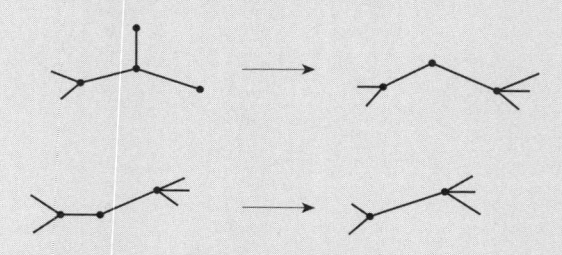

では，もしも X が（第7章の意味で）連結な1次元有限複体ならば，それに縮約の操作（および必要ならばその逆操作）を有限回ほどこすことで，図のような標準形

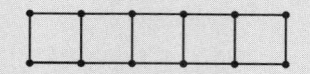

に直せることを示して下さい．また，その X のオイラー数は何でしょうか？

この章で取り上げたのは単純な例ばかりですが，例えば積分という操作が局所的な情報と大局的な性質とを結び付けるために大きな働きをしている，いわば異なる概念どうしの橋渡しをする力となっていることを感じ取って頂ければ幸いです．

　次の章は，「バンドル空間」と題して，図形に新しい内部構造を考えることによってその図形の性質をより深く調べる方法について考えてみたいと思います．その内部構造から，また新たな局所から大域への結びつきも生まれてきます．

CHAPTER 11

バンドル空間

　前の章では「局所から大域へ」と題して，積分を使った解析学の手法によって図形の局所的な性質と大域的な幾何学的性質とを結び付けることを考えました．この章では「バンドル空間」と題して，前の章とは少し異なった立場，つまり代数学の道具を応用することによって図形の局所と大域との結びつきを調べるというアプローチを紹介したいと思います．

　「バンドル空間」というのは，ある種の**内部構造**を図形（空間）の中に考え，その内部構造を代数学の手法で調べることによって図形そのものの大域的な性質を浮かび上がらせようとするものです．

　具体的にどのような「内部構造」を考えるかのあらましは後ほど説明しますが，その前に簡単な例として，第2章「穴のどちら側を通るか」で扱った「メビウスの帯」について考えてみましょう．（第4章「らせん階段を登る」と第8章「曲面の分類を試みる」でも登場しました．）そのときにも図に示したように，長方形の紙テープをねじらずにそのまま貼り合わせたものが単純な帯 M_0 で，紙テープを180度だけねじって貼り合わせたものがメビウスの帯 M_1 です．

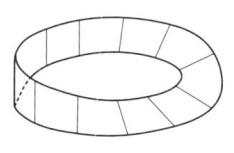

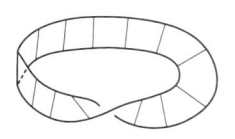

メビウスの帯 M_1　　　　　2回ねじりの帯 M_2

この M_0 と M_1 を比べながら，それらの共通点は何か，また M_0 と M_1 で違っているのはどんな性質か，ということに注目してみましょう．まず（これは第2章「穴のどちら側を通るか」の問題でも着目したことですが）この M_0 と M_1 それぞれの**境界線部分**について考えてみましょう．

　帯の端の部分のどこか一ケ所に指先をあてて，そのまま指先をずらせて縁をたどってゆき，出発した位置に初めて戻ってくる瞬間まで指先をすべらせる，という実験をしてみればすぐにわかりますが，「ねじれのない帯」M_0 の境界線部分は2個の別々の輪（つまり境界線部分が非連結）であり，「メビウスの帯」M_1 の境界線部分の方は一続きの輪（つまり境界線部分が連結）であることがわかるでしょう．その違いの原因は単純なことです．紙テープを貼り合わせたときに，結果として境界線部分となるべき二つの辺どうしが，ねじらずに貼り合わせた場合には互いにくっつかずに別々の境界線どうしになるのに対して，ねじって貼り合わせた場合には反対側の辺どうしがつながって一続きの境界線になるからです．

　第1章「つながっているか，つながっていないか」でも考察したように，この「つながっている」かどうかという性質は，本来（$\varepsilon\delta$ 論法によって判定できる）局所的なものなのですが，その性質に着目している目的は，それを通じて図形の大局的な性質を知ることです．そこで，何がその局所的な性質と大域的な性質を結び付けているのかを考察しておくのが重要になるでしょう．

　紙テープを貼り合わせる場合には，その要点は「ねじって貼るかねじらずに貼るか」ということ，つまり，貼り合わせる辺と辺で向きをそろえるか反対にするか，という単純な二者択一の条件だけで全体の性質が決まるということです．このような条件は，幾何的（図形的）な条件というよりも，むしろもっとデジタルな「ある操作をするかしないか」とい

CHAPTER 11

う，抽象的な論理条件であると考えられるでしょう．このような条件のことを，一般に**代数的**な条件と呼びます．

　図形の局所的な性質と大域的な性質を結び付けたいときには，それができるだけ単純な(判定しやすい)代数的な条件によって決まるほど都合の良いものです．もちろん，何も前提とせずにすべての一般の図形を考えてしまっては，単純な条件だけで何かがわかると期待するのは無理でしょう．そこで，考える図形を特別の条件を満たすものたちだけに限定して，その範囲の図形に対して考えれば，単純な代数的条件がそれらの図形の局所的な性質と大域的な性質を結び付けてくれる，という問題設定を考えるのです．その代表的な例が，この章のテーマである「バンドル空間」であり，帯 M_0 とメビウスの帯 M_1 は，その一番わかりやすい実例です．

　では，その「バンドル空間」とはどういうものか，どのような「内部構造」を考えるのかを，まず M_0 と M_1 の場合にあてはめて示しておきましょう．さきほどはこれらの図形の境界線のみに注目して比べましたが，実はその対比に相応するものが(内部を含む) M_0 と M_1 そのものの中にも存在しています．これを詳しく調べてみましょう．

　貼り合わせる前の紙テープに，図のように縦線をたくさん書いておきます．つまり，x 座標の一つの値 t, $(0 \leq t \leq 1)$ ごとに，y 軸に平行な線分 I_t を考えるのです．この紙テープを貼り合わせて M_0 や M_1 を作るとき，貼り合わせるのは両端の線分，つまり I_0 と I_1 です．

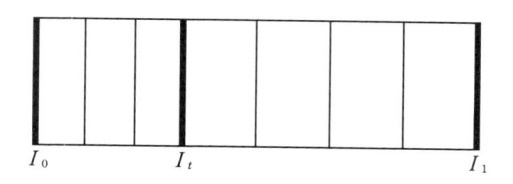

紙テープを貼り合わせる前は，M_0 も M_1 も全く同じ長方形で，短い辺×長い辺という，図形として**直積**の形をしています．違いが生じるのは，この後で I_0 と I_1 を貼り合わせるときだけです．つまり，I_0 と I_1 を同じ向きに貼れば M_0 が出来上がり，

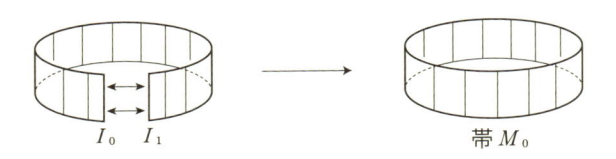

帯 M_0

I_0 と I_1 を逆の向きに貼れば M_1 が出来上がるわけです．

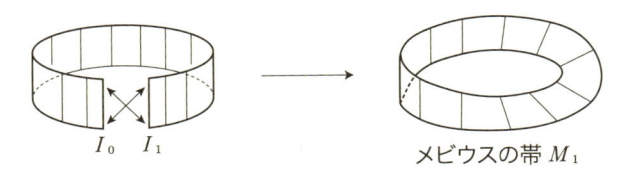

メビウスの帯 M_1

このように，2つの線分 I_0 と I_1 を（長さを伸縮させない同相対応で）貼り合わせる方法がちょうど2通りあって，その2通りの選択のしかたが M_0 と M_1 という2つの異なった図形を生み出しているということです．「バンドル空間」とは，これを一般化したものです．つまり，**直積**の形をしたいくつかの図形を出発点として，その直積の片方の成分どうしを「貼り合わせ」することによって出来上がる図形であって，その「貼り合わせ方法」の選択肢が**代数的**な条件によって与えられている状況にあるものを，一般にバンドル空間と呼びます．正確に定義すると次のようになります．

CHAPTER 11

> **定義** 多様体 M から**底空間**と呼ばれる別の多様体 B への全射の連続写像 $p: M \longrightarrow B$，それから**ファイバー**と呼ばれるもう一つ別の多様体 F があるとする．さらに，底空間 B の中に（第6章「コンパクト性」に登場した）開集合 U_λ がたくさんあって，それら全部の和集合が底空間 B 全体を覆い尽くしている（$\cup_{\lambda \in \Lambda} U_\lambda = B$）とする．さらに，**射影** $p: M \longrightarrow B$ をそれぞれの U_λ の上のみに制限したものが，ファイバー F との**直積**の構造を持っている（つまり M の部分集合である $p^{-1}(U_\lambda)$ が直積 $U_\lambda \times F$ と同相対応によって同一視できる）とする．さらに，ファイバー F という図形にはある群 G による**作用**が与えられていて，二つの開集合の共通部分 $U_\lambda \cap U_\mu$ の上ではそれぞれの直積 $(U_\lambda \cap U_\mu) \times F$ どうしが，群 G のファイバー F への作用によってねじった貼り合わせによって結び付いた形になっているとする．以上の構造が多様体 M に与えられているとき，この M を**バンドル空間**と呼び，B, F, p, G をそれぞれそのバンドル空間の底空間，ファイバー，射影，構造群と呼ぶ．

例えばさきほどの「メビウスの帯」の場合には，底空間が円 S^1 で，二つの開集合としては互いに少しずつオーバーラップして円全体を覆うように選んだ二つの円弧（それぞれ開区間と同相）U_1 と U_2 としておきます．ファイバーは縦線 I_t（すべて線分 I と同相）で，その線分 I に作用する群 G とは，「ねじるか，ねじらないか」の2つの選択肢のこと（G は2個の要素から成る集合）としておきます．すると，二枚の直積 $U_1 \times I$ と $U_2 \times I$（それぞれ短い辺×長い辺という長方形）を貼り合わせたい共通部分 $U_1 \cap U_2$ とは二つの円弧がオーバーラップしている二カ所の狭い円弧部分のことですから，そのうち一カ所では「ねじらずに」貼り，もう一カ所では「ねじって」貼ることで，メビウスの帯が出来上がります．

もっと別の，より広範に存在する実例も挙げておきましょう．M を一般の n 次元多様体として，その「接ベクトル」を**すべて**考えます．接ベクトルは M の各点 x ごとに，その点を出発点として n 次元の座標平面を成して「乗っている」わけです．実は，微分操作の連続性によって，M の各点の十分狭い ε 近傍の中で点 x を動かすと，それらから出ている接ベクトルすべての集合が，その ε 近傍と「接平面 R^n」の直積になっていることがわかります．さらに，別々の点それぞれの ε 近傍どうしの共通部分においては，接ベクトルどうしが接平面 R^n の間の線形同型によって結ばれていますので，こうして出来上がる「M のすべての接ベクトルの全体」は，n 次元座標平面の線形変換をあらわす行列の成す群を構造群とするバンドル空間になっています．（これを M の**接ベクトルバンドル**と呼びます．）

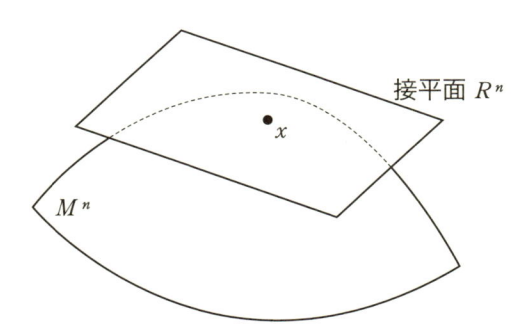

接平面 R^n

x

M^n

　この例以外にも，実際問題として考える図形が「自然に」バンドル構造を持つような状況はいろいろあります．そこで，実際に未知の図形を調べようとする際に，もしもその図形がバンドル構造を持っているならば，それを手がかりに「部分的情報を調べて，それを組み合わせることによって，全体の情報を得る」という操作が可能になって図形の性質が判明することがあるのです．この「部分的情報を組み合わせることで全

CHAPTER 11

体の情報を得る」という操作こそ，前の章でも注目した「局所から大域へ」という考え方に他ならないことに注意しましょう．

問題 11.1

(1) トーラス面 T^2（第8章），クラインの壺 B_0（第8章），n 回ねじりの帯 M_n（第2章），それに穴のあいた平面 $R^2-\{0\}$ が，いずれも円 S^1 を底空間とするバンドル空間の構造を持つことを確かめて下さい．

(2) 2人乗りの浮き輪の表面 K_2（第8章）が，どのような構造を入れても円 S^1 を底空間とするバンドル空間には決してならないことを示して下さい．

問題 11.2 n 次元多様体 M に対して，第10章で考えた「接ベクトル場」（つまり，M のすべての点で，M に接しているようなベクトルを1個ずつ指定したもの）は，さきほど述べた「接ベクトルバンドル」における**切断**となっています．（$p: M \to B$ がバンドルのとき，連続写像 $s: B \to M$ で合成写像 ps が底空間 B の恒等写像になっているようなものを「切断」と呼びます．）

では，もしもその接ベクトル場 $\vec{v}$ が零点を一つも持たない（つまり，M のすべての点 x で $\vec{v}(x) \neq 0$ となる）ならば，その多様体 M の接ベクトルバンドルが直線（1次元部分空間）をファイバーとするようなバンドル空間を（「部分バンドル空間」として）含んでいることを示して下さい．

バンドル空間の特別の場合として，非常に重要なものがあります．それは，第4章「らせん階段を登る」以来扱ってきた**被覆空間**です．定

義として，バンドル空間 M においてそのファイバー F が離散なもの（つまり，互いに近くない，ばらばらの点の集まり）である場合に，そのバンドル空間 M のことを被覆空間と呼びます．例えば第4章に出てきた「らせん階段面」$p: \tilde{Y} = R^2 \longrightarrow Y = R^2 - \{0\}$ では，底空間が $Y = R^2 - \{0\}$ であってファイバー F が整数全体の集合 Z です．ただしここで $\tilde{Y}$ の部分集合 $\{(0, 2k\pi) \in R^2 | k は整数\}$ を整数全体の集合 Z と同一視しているのです．

「らせん階段面」の場合，群 Z のファイバー Z への作用は「1階だけ上へ上がる」という貼り合わせです．つまり，Z と Z を貼り合わせる作用として1を足し算する対応 $n \mapsto n+1$ を考えているので，らせん階段面で（底空間の一周に相当する）一回りをすると，n 階から $n+1$ 階へと1階分だけ上へ登ることになります．こうして，直積 $I \times Z$ を「ねじって」貼り合わせることで，「一続きのらせん階段面」というバンドル空間が出来上がります．

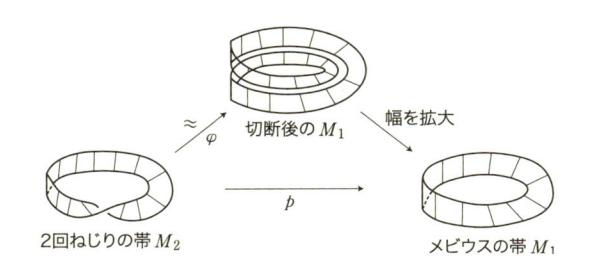

また，さらに特別の場合として，ファイバー F が有限個の点から成るときには**有限被覆**と呼びます．例えば第4章で考えた「2対1の対応」（上の図の p）は，2点をファイバーとする2対1の有限被覆空間です．つまり，2回ねじりの帯とメビウスの帯とは，2対1のバンドル空間とその底空間という相互関係を持っています．

CHAPTER 11

　次の章でも考察しますが，実はこのように二つの図形がバンドル空間と底空間という $p: M \longrightarrow B$ の関係にある場合には，それら両者の図形としての性質に密接な関係があることがわかります．こうして，バンドル空間の構造を考察することを通じていろいろな図形どうしの関係がわかってきます．

問題 11.3

（1）今述べたように，第4章では $p: M_2 \to M_1$ という2対1のバンドル空間を扱いましたが，ねじれのない帯 M_0 を使っても $p: M_0 \to M_1$ というバンドル空間ができることを示して下さい．
（2）反対向きの $p: M_1 \to M_2$ という被覆空間は決して作れない，ということを示して下さい．

問題 11.4

（1）ねじれのない帯 M_0 からそれ自身への2対1のバンドル空間 $p: M_0 \to M_0$ を作って下さい．
（2）2次元平面 R^2 について，$p: R^2 \to R^2$ という被覆空間は，1対1の対応（ファイバーが1点）の場合，つまり p が同相写像である場合を除いては存在しないことを示して下さい．

　もっと別の種類の代数構造もあります．ここでは，いわゆる「対称性」について考えてみましょう．図形 M における**対称性**とは，連続写像 $f: M \longrightarrow M$ であって，これを何回か繰り返すと「元に戻る」ようなものを言います．k 回繰り返すと元に戻るとき，それを「周期 k の対称性である」と言います．つまり，k 回繰り返した写像 f^k がすべての $x \in M$ に対して $f^k(x) = x$ を満たすということです．（小学校で習うよ

うな)「線対称」「点対称」などは周期2の対称性ですが,例えば正k角形を重心のまわりに回転させれば周期kの対称性が考えられます.

> **問題11.5** 同じ図形Mにおける何種類かの異なる対称性で,互いに非可換である(積の交換法則$\alpha\beta=\beta\alpha$を満たさないような要素α,βが存在する)ような例を示して下さい.
>
> 例えば$M=R^2$で,αを線対称,βを一点のまわりの60度の回転とするとどうでしょうか.他にもいろいろな実例を考えてみて下さい.

前の章で「オイラー数」について考えましたが,図形に「対称性」がある場合にオイラー数について何がわかるかを考えてみましょう.オイラー数は,その図形を**複体**で近似してその複体を構成する単体の個数を数えることによって得られました.その複体に対称性を与える際,近似のしかたを調整すればその対称性が個々の単体を単体へと写すようにすることができることが知られています.すると,例えばある図形Mに周期pの対称性があって,もしもその周期pが素数ならば,その対称性の対応によって「動く」単体の個数は必ずpの倍数でなければなりません.従ってその部分によるオイラー数への寄与もpの倍数となります.すると,「動かない」部分,つまり$\{x\in M\,|\,f(x)=x\}$をMの**固定点集合**と呼ぶことにすれば,次のことがわかります.

図形Mに周期pの対称性(pは素数)があれば,Mのオイラー数とMの固定点集合のオイラー数との差は,pの倍数でなければならない.

このように,図形のオイラー数には「対称性」から導かれた大局的な条件式が成り立ちます.実は,ここで考えた「対称性」は,(さきほどの「バン

CHAPTER 11

ドル空間」の定義の中で出てきた)「群の**作用**」の特別の場合になっています．

　この本では「群論」について詳しく説明する余裕はありませんが，対称性によって上記のようなオイラー数の条件式が出てくることから類推すれば，一般の「群の作用」についても，それをもとにいろいろな図形の大局的性質に関する条件が出てくることは想像していただけると思います．バンドル空間は，その内部構造として（例えばメビウスの帯における「ねじるか，ねじらないか」のような）群の作用を含んでいる図形です．その内部構造を調べて，そこから導き出される図形の性質についての条件を研究することによって，図形の新たな大局的性質を発見したり，あるいは図形の分類のために役立てたり，といった応用が広がります．

　例えば，二つの特定の図形 B と F を固定して，それらを底空間とファイバーに持つようなバンドル空間 M を分類する，という問題も考えられます．そのためには貼り合わせの代数構造を分類することが有効で，その「群の作用」を群論を使って直接に分類することが必要になります．

　また，第 8 章「曲面の分類を試みる」では「手術 (surgery)」と呼ばれる操作を使って図形を分類する方法を紹介しましたが，実際にその操作を使って複雑な図形を分類する際には，surgery が「実行可能か」のチェックを群論によって判定することになります．(surgery 障害類の理論と呼ばれます．)このようにして，図形の分類のためにいろいろな形で群論（代数学）が応用されるのです．

　群とは，図形の内部構造の中にある本質的部分を抽出したもの，と理解することができます．この考え方を頭に置いて群論の教科書を読んでいただければ，きっと理解が深まることと思います．

　さて，次の最終章は「バンドル空間とホモトピー」と題して，バンドル空間の上での微小変形の積み重ねによって変わる性質と変わらない性質

の対比について考えてみたいと思います．微小変形を調べる際に基本となる $\varepsilon\delta$ 論法によって記述される性質と，図形の大域的な状況やその幾何学的性質が，互いにどう関係しているのかをテーマとしたいと思います．それこそが，この「$\varepsilon\delta$ 論法からトポロジーへ」という本の大きな目標の一つだったのですから．

> **問題11.6** 図形 M に群 G が作用しているとき，もしもその作用が**自由**ならば，M に（G を構造群とする）バンドル空間の構造が入ることを示して下さい．ただし，作用が自由であるとは，M のどの点 x に対しても，「群 G の異なる要素 g_1 と g_2 は M の点 x を互いに異なる点 $g_1(x)$ と $g_2(x)$ にうつす」という性質が成り立っていることを言います．（特に，自由な作用の固定点集合は空集合です．）
>
> 例えば $M = S^2$ とし，$G = \{\pm 1\}$（2個の要素から成る群）が $M = S^2$ に「原点対称」で作用する場合を考えましょう．つまり，$+1: M \to M$ は恒等写像で，$-1: M \to M$ は球面上の点 v に $-v$ を対応させる「点対称」の変換だとするのです．この作用は自由な作用です．この場合のバンドルは $p: S^2 \to P^2$ という形をしています．第8章に登場した2次元実射影空間 P^2 が底空間です．

CHAPTER 12

バンドル空間とホモトピー

　前の章では「バンドル空間」と題して，図形の内部に潜む代数的構造に注目することによって図形の性質を調べることができることを，いくつかの例を通じて見てきました．この章では「バンドル空間とホモトピー」と題して，そのようなバンドル空間の上に描いた**道筋**の集まりを調べることによって図形の性質を調べる方法を紹介します．図形 M 上の道筋というのは，閉区間からその図形への連続写像 $f:[0,1] \longrightarrow M$ のことです．このような道筋の連続変形をバンドル空間 M とその底空間 B それぞれの上で施して，それらを比較することによってどのような幾何的性質が調べられるかを考えます．その際に，$\varepsilon\delta$ 論法によって調べることのできる道筋の微小変形と，図形の大域的な状況とが，互いにどう関係しているのかに注目してみましょう．それを通じて，この「$\varepsilon\delta$ 論法からトポロジーへ」という本のテーマに，一つの手がかりの道を開くことができると思います．

　第 8 章「曲面の分類を試みる」で登場しましたが，図形 M の**基本群**は次のように定義されます．

定義　図形 M と，その上の一点 c に対して，c を出発点として c を終点とする X 上の道筋を考え，それらの間で互いに連続的な変形で移り合う道筋どうしは「同値」とするとき，そのような道筋をすべて

集めた集合に,「同値」な道筋どうしは同一視するという同値関係を入れた商集合を $\pi_1(M, c)$ と書き,図形 M の(c を基点とする)**基本群**と言う.

道筋に連続的な変形を施しても「同値」とみるわけですから,ここでは「連続的な変形によっても変わらない性質」を調べたいということが念頭に置かれています.群のような代数的道具を使って図形を調べるときには,このような変形で不変な性質を調べることが目標になります.

では,道筋の「連続的な変形」を詳しく調べるために,ここでその厳密な定義を与えておきましょう.さきほども出てきましたように,図形 M 上の道筋とは連続写像 $f:[0, 1] \longrightarrow M$ のことです.M 上の 2 点 c, d が指定されたときに,道筋 f が $f(0)=c, f(1)=d$ を満たすならば,その道筋は c を**始点**とし,d を**終点**とすると言います.そこで,その 2 点 c, d を決めておいた上で,c を始点とし d を終点とする図形 M 上の道筋を**すべて**考えます.それらどうしの間での「連続的な変形」を,次のように定義します.

定義 f_1 と f_2 を,どちらも上記のような道筋とするとき,もしも連続写像

$$\psi:[0, 1]\times[0, 1] \longrightarrow M$$

で,すべての $t, s \in [0, 1]$ に対して,$\psi(0, s)=c$(つまり始点はいつも c),$\psi(1, s)=d$(つまり終点はいつも d),$\psi(t, 0)=f_1(t)$(つまり f_1 からの変形),$\psi(t, 1)=f_2(t)$(つまり f_2 への変形)という 4 つの条件を満たすものがもし存在すれば,その ψ のことを道筋 f_1 から道筋 f_2 への連続的な変形(または**ホモトピー**)と言う.

CHAPTER 12

　さて，ここではまず，第 4 章「らせん階段を登る」と第 11 章「バンドル空間」に登場した**被覆空間** $p:\tilde{Y} \longrightarrow Y$ について，道筋の連続的な変形をめぐって何がわかるかを考えてみたいと思います．被覆空間では，底空間 Y の任意の点に対してその上に何個かの $\tilde{Y}$ の点が（ばらばらに）乗っているのですが，十分小さい正の数 ε を選んで点から半径 ε の範囲内に制限すれば，それらの点一つ一つのまわりの近傍が，それぞれ底空間での点の近傍と（対応 p を通じて）同相対応をしているわけです．この状況で，底空間 Y における道筋と，被覆空間 $\tilde{Y}$ における道筋とを比較してみましょう．そのために，次の定理を証明します．

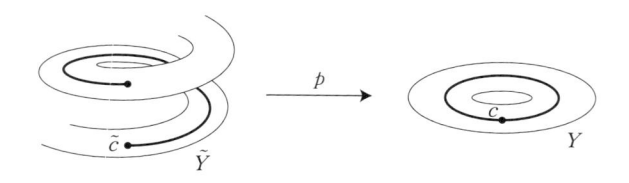

定理：$\tilde{Y}$ と Y はともに連結な多様体とし，連続写像 $p:\tilde{Y} \longrightarrow Y$ によって被覆空間となっているとする．Y に 2 点 c と d をとり，$\tilde{Y}$ の点 $\tilde{c}$ であって $p(\tilde{c})=c$ となるものを選んでおく．（つまり，点 $\tilde{c}$ は点 c の「上に乗って」いる．）Y において c を始点とし d を終点とする 2 つの道筋 f_1 と f_2 に対して，それぞれの上に乗っている $\tilde{Y}$ での道筋 $\tilde{f}_1$ と $\tilde{f}_2$ があって，それらはともに点 $\tilde{c}$ を始点としているとする．このとき，もしも（Y の）道筋 f_1 から道筋 f_2 への連続的な変形 ψ があれば，それぞれの上に乗っている道筋 $\tilde{f}_1$ と $\tilde{f}_2$ の終点が一致する．しかも，これらの $\tilde{f}_1$ と $\tilde{f}_2$ は，（$\tilde{Y}$ において）連続的な変形 $\tilde{\psi}$ でうつりあう．

　つまり，底空間で連続的な変形でうつりあう道筋ならば，それらを被覆空間の上に「持ち上げた」道筋どうしは（始点を同じに決めておきさえ

すれば)終点を変えることができない,ということです.第2章「穴のどちら側を通るか」で考えた穴のまわりの回転数(写像度)も,このことの特別な場合となっています.

では,この定理を証明してみましょう.sを固定するごとに,対応 $t \longmapsto \psi(t, s)$ は $[0, 1]$ から Y への連続写像で,始点が c,終点が d の Y の道筋です.これを $\tilde{Y}$ に「持ち上げる」ことを考えます.まず,$t=0$ のときは,Y での始点 c ですから,定理の目的に合うように $\tilde{Y}$ の点 $\tilde{c}$ に持ち上げます.ところが $\tilde{Y}$ と Y は被覆空間の対応をしていますから,この対応は**一点の近傍に制限すれば**一対一の同相対応です.従って,その近傍の内部(半径 ε の範囲内)では道筋を $\tilde{Y}$ へと持ち上げることができます.

すでに持ち上げた(部分的な)道筋を足掛かりに,その道筋上の点からまた出発して,その点の小さな近傍内では被覆空間が一対一の同相対応をしていることを使ってさらに新たに持ち上げた道筋を $\tilde{Y}$ に作っていきます.こうして,局所的な持ち上げを次々に繋げて,できるだけ広い範囲へと持ち上げを拡げていくわけです.

さて,このとき,まず s を固定するごとにすべての $0 \leq t \leq 1$ で持ち上げが作れることを証明します.そのために,$x \in [0, 1]$ のうちで「$0 \leq t \leq x$ の範囲で $t \longmapsto \psi(t, s)$ の持ち上げが作れる」ことが成立するような x の範囲を U_1 とし,残りの x の範囲を U_2 とします.すると,U_1 に属する任意の点 x に対してはそこまで持ち上げが出来ており,さらにその点の小さな近傍内では被覆空間が一対一の同相対応ですから,そこに含まれる ε 近傍の内部ではやはり持ち上げが可能です.従って U_1 は $[0, 1]$ の開集合です.一方,U_2 に属する点 x を考えると,Y の道筋 $t \longmapsto \psi(t, s)$ の途中のどこかに,それを $\tilde{Y}$ に持ち上げることのできない「不連続点」が存在するわけです.ところが,その点においてもや

143

はり十分小さい近傍内では被覆空間が一対一の同相対応ですから，x よりも少し小さい数値を選んでも 0 からそこまでの間にやはり不連続点があることに変わりはありません．従って，U_1 と U_2 はどちらも $[0, 1]$ の開集合で，両方の和集合をとれば $[0, 1]$ 全体となります．ところが $[0, 1]$ は連結な図形ですから，U_1 と U_2 のどちらかは空集合でなければならないことになり，U_1 は $x=0$ を含むことから空集合ではないので，U_1 が $[0, 1]$ 全体に一致し，結局すべての $0 \leq t \leq 1$ で持ち上げが可能だと結論できます．（ここの議論は，第 4 章「曲線を分類する」で扱った連結性の応用と同じです．）

以上で，それぞれの s を固定するごとに $0 \leq t \leq 1$ で道筋 $t \longmapsto \psi(t, s)$ の持ち上げが作れることがわかりました．次に，s を動かして，$(t, s) \in [0, 1] \times [0, 1]$ を変数とした 2 変数の連続写像として $\widetilde{Y}$ への持ち上げが出来ることを示します．

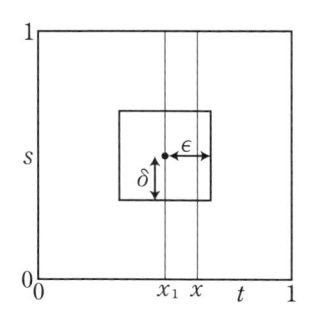

そのために，今度は $x \in [0, 1]$ のうちで「$(t, s) \in [0, 1] \times [0, 1]$ の範囲で持ち上げが連続写像になっている」ことが成立するような x の範囲を V_1 とし，残りの x の範囲を V_2 とします．V_1 が開集合であることを示すために，V_1 に属する任意の点 x を選んで，その近傍でやはり V_1 の

144

条件が成り立つことを示します．どの $s \in [0, 1]$ に対しても，点 (x, s) の十分小さな近傍では被覆空間が一対一の同相対応です．今，その点から x の変動も s の変動も，ともに ε 未満ならばその範囲で同相対応となっていたとします．その範囲内で x よりも少し小さい点 x_1 を選ぶと，条件から持ち上げ $\tilde{\psi}(x_1, s)$ が s の関数として連続になっていますから，連続写像の定義（第3章「連続写像」を参照）によって，十分小さい正の数 δ を選べば s の変動が δ 未満のときに $\tilde{\psi}(x_1, s)$ がすべてその同相対応の範囲に含まれます．よって，その範囲内でまた ε を十分小さい正の数に取り直すと，点 (x, s) のまわりで s の変動が δ 未満，t の変動が ε 未満のときに連続的かつ一意的に持ち上げが決まります．

x を止めたままで s を動かせば，それぞれの s の δ 近傍の内部でそのように持ち上げが決まるわけですが，s の変域である $[0, 1]$ は**コンパクト**な図形です（第6章「コンパクト性」に説明があります）から，そのような δ 近傍たちのうち**有限個**を選んで $[0, 1]$ 全体を覆い尽くすことができます．すると，それらの有限個の近傍たちそれぞれに与えられていた t の変動 ε のうち最小なものを ε_1 とおけば，結局 t が x の前後幅 ε_1 を動く範囲内においては s を自由に動かしても (t, s) の2変数関数として持ち上げが連続写像になっていることがわかり，このことから V_1 が開集合であると結論できます．

V_2 が開集合であることも，同じようにして局所的に被覆空間が一対一の同相対応であることと $[0, 1]$ のコンパクト性を使えば示せます．こうして，さきほどと同様に $[0, 1]$ の連結性を使えば，V_2 が空集合で V_1 が全体と一致し，結局すべての $(t, s) \in [0, 1] \times [0, 1]$ の範囲で持ち上げ $\tilde{\psi}(t, s)$ が（2変数関数として）連続写像であることが示せます．

いったん $\tilde{\psi}(x_1, s)$ が連続写像であることがわかれば，定理の結論は

CHAPTER 12

すぐに出てきます．持ち上げ $\tilde{\psi}(t, s)$ において $s = 1$ に制限すると，これは $\tilde{Y}$ の上で動くのですが，底空間 Y に落とせば（もともとの Y での道筋はすべて定点 d を終点としていたのですから）$s = 1$ のときは常に d に落ちます．ところが，被覆空間ではバンドル空間としてのファイバー F が離散なもの（つまり，互いに近くない，ばらばらの点の集まり）であると仮定していますので，連続的な動きで互いに近くないばらばらの点に移動することはできず，結局 $s = 1$ のときはすべての $(t, 1)$ で持ち上げは $\tilde{Y}$ 上の（Y の定点 d の「上に乗って」いる）定点でじっとしていることが結論できました．すなわち，道筋 $\tilde{f}_1$ と $\tilde{f}_2$ の終点が一致するということで，これで定理の証明が完結しました． □

　さて，さきほどの**基本群**の定義では，道筋のうち始点と終点が等しい（どちらも基点 c となる）ものだけを考えました．これを被覆空間 $p: \tilde{Y} \longrightarrow Y$ にあてはめてみましょう．$\tilde{Y}$ における道筋は，そのまま対応 p で落とせば Y における道筋になり，もともと始点と終点が等しいならば，落としたものも始点と終点が等しいです．また，$\tilde{Y}$ において連続的な変形をしても，その変形をそのまま落とせば Y の道筋としてもホモトピーで結ばれることになります．実は，その「逆」の構成をしているのが今の定理です．つまり，底空間 Y での道筋から始めると，始点と終点が等しくてもそれを持ち上げてできる $\tilde{Y}$ の道筋では始点と終点が等しいとは限りません．今の定理が言っているのは，その（始点とは違うかもしれない）持ち上げた道筋の終点が，もとの道筋を連続的に変形しても変化しないということです．

　このことを代数的な言葉で表現する方法の一つとして，**完全列**というものがあります．被覆空間 $p: \tilde{Y} \longrightarrow Y$ の場合には，次のようなものです．

$$\pi_1(\tilde{Y}) \longrightarrow \pi_1(Y) \longrightarrow F$$

ここで F というのはファイバー (被覆空間の場合は $p^{-1}(c)$, つまり基点の上にあるばらばらの点の集まり) です. $\pi_1(\tilde{Y}) \longrightarrow \pi_1(Y)$ は $\tilde{Y}$ の道筋を p で落とす対応で, $\pi_1(Y) \longrightarrow F$ は Y の道筋を定理によって持ち上げたときの終点 (F の要素) に対応させます.

これらが**完全列**を成すというのは,「前の写像の像集合が後の写像における一点の逆像と一致する」という意味です. つまり, 中央の集合の情報が, 両側の集合と写像というデータによって調べられるということです. 底空間 Y の基本群の情報が, 被覆空間 $\tilde{Y}$ の基本群とファイバー F を調べることで得られるのです.

こうして, 被覆空間 $p:\tilde{Y} \longrightarrow Y$ については, $\tilde{Y}$ と Y と F という3つの図形の間に情報の関連が存在しています. 例えば第4章「らせん階段を登る」に出てきた被覆空間では, $\tilde{Y}$ が平面 R^2 と同相, Y が穴のあいた平面 $R^2-\{0\}$, F は整数全体の集合 Z となっています. 穴のあいた平面について調べたいとき, 直接それにアタックする代わりに (より単純な図形である) 被覆空間 $\tilde{Y}=R^2$ と終点の集合 Z とを調べる, という手段をとります. その一例が, R^2 における積分と, それを 2π で割った整数値によって定まる「回転数」という量であったわけです.

また, 第8章「曲面の分類を試みる」に登場したトーラス面 T^2 を底空間とし, その上に平面 R^2 が被覆空間として乗っている, という例もあります. (ファイバー F は直積 $Z \times Z$ です. 問題4.6参照.) この場合, トーラス面について調べるためにより単純な図形である R^2 を使うこともあり得ますし, また逆に, コンパクトでない図形 R^2 を調べるためにコンパクトな T^2 の性質を利用する, という応用のしかたもあります.

CHAPTER 12

問題12.1 この章でさきほど証明した定理を使って，第8章（問題8.3の直前）で述べた「事実」を証明して下さい．また，第8章でその「事実」の前にいくつか挙げた具体的な被覆空間での基本群の計算例のそれぞれについて，さらには問題8.4と問題8.5に登場した被覆空間についても，今の定理が当てはまることを図を書いて確認してみて下さい．

問題12.2 第4章で考えたように，平面 $V=R^2$ と同相な「らせん階段面」$\tilde{Y}=R^2$ を，$Y=R^2-\{0\}$ の被覆空間とみなして考えましょう．問題12.1で確認したように，この被覆空間については第8章（問題8.3の直前）で述べた「事実」が成立しています．

ところが，「らせん階段面」$\tilde{Y}=R^2$ 全体を考える代わりに，そのうち平面 $V=R^2$ の中で y 座標成分が $-20\pi<y<20\pi$ を満たすような範囲（これは $\tilde{Y}=R^2$ の部分集合です）を Y' として，もとの写像 $p:\tilde{Y}\longrightarrow Y$ について定義域をその部分集合に制限したもの $p:Y'\longrightarrow Y$ を考えてみます．

すると，$p:Y'\longrightarrow Y$ も連続な全射で，「局所的には同相写像」から成っていますが，Y の定点 c の逆像 $p^{-1}(c)$ には，たった20個の点しか含まれていません．Y' は，「らせん階段面」のうち「地下10階部分」から「地上10階部分」までに限られた範囲だからです．ですから，この集合は底空間 Y の基本群 $\pi_1(R^2-\{0\}, c)=Z$（整数全体）とは一致しませんので，第8章の「事実」を満たしていません．

つまり，これはその「事実」の仮定に含まれていた「**良い**」被覆空間ではないのです．では，この $p:\tilde{Y}\longrightarrow Y$ に欠けていたのはどのような「良い」性質だったのかを，推測してみて下さい．

ここまでは被覆空間についてのみ述べてきましたが，実は，同じことが一般のバンドル空間 $p: M \longrightarrow B$ についても成り立ちます．どんなバンドル空間についても，M と B それぞれの上での道筋の連続的変形を考えて基本群を定義すれば，それらの間に「完全列」による相互関係が成立するのです．それだけではありません．詳しくは述べませんが，$[0,1]$ から図形 M への連続写像である「道筋」の高次元版として，n 次元の $[0,1]^n$ から図形 M への連続写像とそれらの連続的変形をもとにして，基本群と同様に高次元の**ホモトピー群** $\pi_n(M)$ というものも定義できます．そして，バンドル空間ではいろいろな n に対するホモトピー群について，M と B と F それぞれを結ぶ完全列が成立するのです．（単なる被覆空間とは違ってファイバー F はばらばらの点の集まりとは限らないことに注意して下さい．）

$$\cdots \longrightarrow \pi_n(F) \longrightarrow \pi_n(M) \longrightarrow \pi_n(B) \longrightarrow \pi_{n-1}(F) \longrightarrow \cdots \longrightarrow \pi_1(B)$$

こうして，バンドル空間には3つの図形の各ホモトピー群の間に完全列によって決まる相関関係があって，それを応用していろいろな図形の性質を調べることができるのです．（詳しいことは「ホモトピー論」の教科書を参考にして下さい．）

　一つだけ，応用の例を挙げておきましょう．以前の章にも何度か登場しましたが，**オイラー数** $\chi(M)$ というのは図形の性質をあらわす重要な量です．これは整数値なのですが，M がバンドル空間で B がその底空間，F がそのファイバーのときには，実は常に

$$\chi(M) = \chi(F)\chi(B)$$

という関係式（**積公式**）が成り立ちます．このことから特に，例えば2次元球面 S^2 が円 S^1 を底空間とするバンドル空間の構造を決して持たないことがわかります．なぜなら，S^2 のオイラー数は2で，S^1 のオイラー数が0だからです．バンドル空間になっていたとしたら，上の関係

式から $\chi(B)=0$ ならば自動的に $\chi(M)=0$ とならざるを得ないからです.

問題 12.3

(1) 第 8 章で紹介したコンパクト曲面(コンパクトで連結な境界のない 2 次元多様体)の分類定理を思い出して下さい.上記の積公式を使って,「その分類定理にリストされた曲面のうち,2 次元球面 S^2 を底空間とするバンドル空間の構造を持つものは球面 S^2 自身以外にはない」ことを証明して下さい.

ただし,証明には「コンパクトな図形の閉集合はコンパクトである」という事実を使って下さい.

(2) 同じリストの曲面のうち,円 S^1 を底空間とするバンドル空間の構造を持つものはトーラス面 T^2 とクラインの壺 B_0 のみである,ということを証明して下さい.

さて,ここまでは「連続的な変形で不変な量」を調べて代数的な記述をするという話をしてきましたが,他方「連続的な変形によって変わるものを区別する」という考察をすることで幾何的な情報が得られることもたくさんあります.

その典型的な例を,一つだけ挙げておきましょう.それは,図形 M の上で「道筋ぜんぶ」を考える,ということです.図形 M の基点 c を固定しておき,それを始点とする M 上の道筋を**すべて**考え,その集合を $\Omega(M, c)$ とおきます.(道筋の始点は固定していますが,道筋の途中も終点も,自由に連続的に動かすことを許します.)そこで写像 $p:\Omega(M, c) \longrightarrow M$ を,道筋にその終点を対応させることによって定義します.実は,これがバンドル空間に類似のもの(正確にはバンドル

空間の定義を少し緩めて一般化した**ファイバー空間**と呼ばれるもの）になります．この $\Omega(M, c)$ には，一つ非常に良い性質があります．それは，これが図形として「可縮」，つまり一点に縮められるということです．なぜなら，その要素は（始点 c だけを固定し，それ以外は自由な）M 上の道筋ですから，それぞれに「道なりに基点に縮め込む」操作を一斉に施せば，図形として $\Omega(M, c)$ 全体が連続的に一点に変形されるからです．このため，その基本群やホモトピー群は一点のものと同じ（すべて $\{e\}$）で，つまりこれは（ホモトピーの意味で）最も単純な図形なのです．

ここでの要点は，**任意の**図形 M に対して，いつでもそれを底空間とする可縮なファイバー空間が作れるということです．何か図形 M の性質を調べたいときに，それを直接調べる代わりにその可縮なファイバー空間 $\Omega(M, c)$ を調べることで新しい情報が得られるのです．これは，バンドル空間に類似した性質を持っているので M そのものとも密接な関係があり，他方では可縮ですから代数的な性質が調べやすいのです．「連続的な変形によって変わるもの」を**すべて**考えることで，図形のより深い性質が調べられるわけです．

問題 12.4

(1) 写像 $p: R^1 \to S^1$ を，$p(\theta) = (\cos\theta, \sin\theta)$ で定義します．この写像によって，直線 R^1 が円 S^1 を底空間とし整数の集合 Z をファイバーとするバンドル空間（被覆空間）の構造を持つことを確かめて下さい．

(2) $\Omega(M, c)$ は M の中で c を始点とする道筋をすべて集めたものですが，その部分集合 $\Omega(M; c, c)$ を，M の中で c を始点とし，かつ c を終点とする道筋をすべて集めた集合とします．この $\Omega(M; c, c)$

のことを，M の**ループ空間**と呼びます．これは，さきほど述べた写像 $p:\Omega(M, c) \to M$ についての基点 c の逆像 $p^{-1}(c)$ のことです．

そこで，$M = S^1$ の場合を考えてみましょう．このとき，ファイバー空間 $\Omega(S^1; c, c) \subset \Omega(S^1, c) \xrightarrow{p} S^1$ が(1)の被覆空間 $Z \subset R^1 \xrightarrow{p} S^1$ の「類似」であることを確かめて下さい．つまり，S^1 の各点ごとに，その点の十分小さい ε 近傍 U をとれば $p^{-1}(U)$ の任意の要素が「連続変形を介して」直積 $U \times \Omega(S^1; c, c)$ の要素に変形できることを示して下さい．

問題 12.5

第2章「穴のどちら側を通るか」で考えた対象が，まさに $\Omega(S^1, c)$ や $\Omega(S^1; c, c)$ に属する道筋であったことを思い出して下さい．問題12.4(2) の「変形」において，$\Omega(S^1, c) \to S^1$ のファイバー $\Omega(S^1; c, c)$ を $R^1 \to S^1$ のファイバー Z に対応させると，その対応が第2章の意味で S^1 の閉じた道筋に「回転数(写像度)」という整数値(Z の要素)を対応させるものに他ならないことを確かめて下さい．

これまで「$\varepsilon\delta$ 論法からトポロジーへ」をテーマに述べてきましたが，$\varepsilon\delta$ 論法でわかる図形の局所的性質と，幾何学の目的である図形の大域的性質との間にはさまざまな形での結びつきがあり，それらを駆使することによって図形の本質に迫ることができる，という幾何学の方法論の一端でも感じ取っていただけたならば幸いです．この本では，$\varepsilon\delta$ 論法の詳しい使い方や，細かい技術的なテクニックなどはできるだけ省いて，どのようなことをどのような手段で調べるのかという全体的な雰囲気をお伝えしたい，という趣旨で書いてきたつもりです．

その「技術的なテクニック」に触れたいと思われた方は，ぜひ，まず

は腰を落ち着けて，この本の各所に挿入してある問題を解いてみて下さい．最初に，できるだけ自力で考えてみましょう．それから，巻末の解答とヒントを読んで，その後でもう一度自力で問題を解き直してみて下さい．そうやっていくうちに，少しずつ自分なりの $\varepsilon\delta$ 論法のイメージがふくらみ，きっと自分流の技術力も伸ばせることと思います．それさえ身につけておけば，他の分野への応用をしたいときにも，必ず役に立つことでしょう．

　この本をきっかけに幾何学に興味を持ってくださり，それぞれの分野の専門書を読み進むきっかけにしていただければ嬉しいです．

問題の解答とヒント

問題 1.1 第 1 章の最後に「N としては，$-\log_2(\varepsilon)$ より大きな整数を選べばよい」と書きました．それがどういうことか，詳しく書いてみましょう．「0 に収束する」ことの定義を満たすのを示すのが目的ですから，問題の数列 $\frac{1}{2}, \left(\frac{1}{2}\right)^2, \left(\frac{1}{2}\right)^3, \cdots$ について，「どんな正の数 ε に対してもある番号 N を選べば $n > N \Rightarrow |a_n - 0| < \varepsilon$ となる」ということを示せばよいわけです．そこで，正の数 ε が任意に与えられたとします．その **ε に対して**，番号 N として $-\log_2(\varepsilon)$ より大きな整数を何でもよいですから一つ選びます．すると，もしも $n > N$ ならば $n > N > -\log_2(\varepsilon)$ なので $a_n = \left(\frac{1}{2}\right)^n < \left(\frac{1}{2}\right)^{-\log_2(\varepsilon)}$ と計算でき，$0 < a_n < \varepsilon$ と結論できます．

問題 1.2 「数列 a_n が実数 α に収束する」と「数列 a'_n が実数 α' に収束する」という 2 つのことを仮定します．

「和の数列 $a_n + a'_n$ は和 $\alpha + \alpha'$ に収束する」を証明しましょう．正の数 ε が任意に与えられたとします．仮定から，十分大きな番号 n では $a_n - \alpha$ と $a'_n - \alpha'$ の両方ともが小さい正の数であることがわかっています．ところが，証明の目的はこれら両者の和が小さい正の数であることです．そこで，第 1 の仮定から

$$n > N_1 \Rightarrow |a'_n - \alpha'| < \frac{\varepsilon}{2}$$

となる番号 N_1 を選んでおき，第 2 の仮定から

$$n > N_2 \Rightarrow |a'_n - \alpha'| < \frac{\varepsilon}{2}$$

となる番号 N_2 を選んでおけば，それらが両方満たされる番号の範囲は N_1 と N_2 の大きい方よりも大きな番号の範囲ですから，N_1 と N_2 の大きい方をあらためて N とおくことによって

$$n > N \Rightarrow |(a_n + a'_n) - (\alpha + \alpha')|$$
$$\leqq |a_n - \alpha| + |a'_n - \alpha'|$$
$$< \frac{\varepsilon}{2} + \frac{\varepsilon}{2}$$
$$= \varepsilon$$

となり，「和の数列 $a_n + a'_n$ は和 $\alpha + \alpha'$ に収束する」が示せました． □

注意：今の議論を見ておわかりになったと思いますが，多くの場合，$\varepsilon\delta$ 論法を考える際には**最後の不等式から逆にたどって考える**ことが鍵となります．参考書などに書いてある $\varepsilon\delta$ 論法を使った証明を読むと，証明がいきなり「これこれの範囲で $|f(x)| < \frac{\varepsilon}{5}$ となるので」などという文章で始まっていて戸惑ってしまうことがよくあります．「いったいどこから $\frac{\varepsilon}{5}$ が出てきたの？」と，びっくりするかもしれません．でも，それは，最後の不等式から考えたために必然的にそうなったのです．最後の不等式の計算で 5 個の不等式を組み合わせる必要があるのなら，最初のその 5 個の不等式の右辺をすべて $\frac{\varepsilon}{5}$ にしておけば，最後の計算の結果の右辺がちょうど ε になって証明の結論が出るでしょう．$\varepsilon\delta$ 論法の証明では，最後の不等式の計算が一番肝心，と覚えて下さい．

問題1.3 問題 1.2 と同様に，2 つの仮定からそれぞれの不等式が満たされる番号の範囲を選んでおいて，その不等式を組み合わせて計算するのですが，さきほどのように単純に二つの不等式の両辺を足し合わせるわけにはいきません．数列の積と収束値の積とを比べたいのですから，最後の計算は

$$n > N \Rightarrow |(a_n a'_n) - (\alpha \alpha')|$$
$$\leq |a_n - \alpha||a'_n| + |\alpha||a'_n - \alpha'|$$

という形になるので，この最後の右辺が ε よりも小さくなるように，番号の範囲を定める N を選ばなければならないのです．そこで，この最後の右辺に登場する 4 個の数が小さくできるかどうかを考えなければなりません．そのうちの 2 個，$|a_n - \alpha|$ と $|a'_n - \alpha'|$ とは，仮定からそれぞれいくらでも小さい正の数で抑えられることがわかっています．残りの2 個，$|a'_n|$ と $|\alpha|$ は，いくらでも小さくすることはできませんが，どちらも有限の範囲にある数です．有限の範囲にある数と，いくらでも小さくできる数との積は，いくらでも小さくできるので，証明が可能になるのです．

以上のアイデアをもとに，それらを不等式で書いてみましょう．まず，$|\alpha|$ は，もともと与えられた定数ですから，既に固定された有限の数です．次に $|a'_n|$ ですが，これは定数 α' に収束する数列なので，(少なくとも十分大きな番号では) その定数の前後一定の (有限の幅の) 範囲内にあります．そこで，まず

$$n > N_3 \Rightarrow |a'_n - \alpha'| < 1$$

となるように番号 N_3 を選びます．すると，$n > N_3$ ならば，望み通り $|a'_n|$ が $\alpha' - 1$ から $\alpha' + 1$ までという有限の範囲内にあることがわかります．従って特に

$$|a'_n| \leq (|\alpha' - 1| + |\alpha' + 1|)$$

です．そこで，最初に与えられた正の数 ε に対して，$\dfrac{\varepsilon}{2(|\alpha'-1|+|\alpha'+1|)}$ よりもさらに小さい正の数 ε' をまず選んでおいてから，その正の数 ε' を使って第1の仮定から

$$n > N_4 \Rightarrow |a_n - \alpha| < \varepsilon'$$

となる番号 N_4 を選び，また第2の仮定から

$$n > N_5 \Rightarrow |a'_n - \alpha'| < \frac{\varepsilon}{2|\alpha|}$$

となる番号 N_5 を選びます．以上の準備のもとに，不等式の計算を完了させましょう．N_3, N_4, N_5 の最大値を N とおけば，さきほどの計算に続けて

$$n > N \Rightarrow |(a_n a'_n) - (\alpha \alpha')|$$
$$\leqq |a_n - \alpha||a'_n| + |\alpha||a'_n - \alpha'|$$
$$\leqq \varepsilon'|a'_n| + |\alpha|\frac{\varepsilon}{2|\alpha|}$$
$$< \frac{\varepsilon}{2} + \frac{\varepsilon}{2}$$
$$= \varepsilon$$

となり，「積の数列 $a_n a'_n$ は積 $\alpha \alpha'$ に収束する」の証明が完了しました．問題 1.2 での計算よりも複雑なことになりましたが，基本はさきほど述べた**注意**と同じ，最後の不等式の計算がうまく行くように，それぞれの項の大きさが小さな正の数で抑えられるように番号の範囲を選べばよいのです． □

数列の引き算や，数列の割り算（ただし分母が決して 0 にならないと仮定しておく）も同じようにできますので，自由に考えてみて下さい．

問題 1.4 まず，$\max\{|a_n-\alpha|, |b_n-\beta|\} \leq \|(a_n, b_n)-(\alpha, \beta)\| \leq |a_n-\alpha|+|b_n-\beta|$ という不等式が成り立つことに注意して下さい．（ここで $\max\{a, b\}$ とは a と b のうちの大きい方，という意味です．この不等式は**三角不等式**と呼ばれ，よく知られています．）実は，この不等式が，両者が必要十分条件であることを示しているのです．

まず，「点列 (a_n, b_n) が点 (α, β) に収束する」と仮定して，「数列 a_n が数 α に収束し，かつ数列 b_n が数 β に収束する」を証明しましょう．「数列 a_n が数 α に収束」を示すには，正の数 ε が任意に与えられたとして，十分大きな番号 n で $n>N \Rightarrow |a_n-\alpha|<\varepsilon$ となることを示せばよいのです．

ところが今は「点列 (a_n, b_n) が点 (α, β) に収束する」と仮定していますので，**その** ε に対してある番号 N を選べば $n>N \Rightarrow \|(a_n, b_n)-(\alpha, \beta)\|$ となることがわかっています．そこで，さきほどの三角不等式の $|a_n-\alpha| \leq \|(a_n, b_n)-(\alpha, \beta)\|$ という部分を使えば，**その**番号 N より大きな n では $|a_n-\alpha|<\varepsilon$ であることがわかり，目的のことが示せました．

「数列 b_n が数 β に収束する」も，$|a_n-\alpha|$ の代わりに $|b_n-\beta|$ を使えば全く同様に示せます．

また，逆に「数列 a_n が数 α に収束し，かつ数列 b_n が数 β に収束する」を仮定して「点列 (a_n, b_n) が点 (α, β) に収束する」を示すのも，さきほどの三角不等式のうち右側の不等式を使うことで全く同様に示せます．各自，ぜひ紙に書いて確かめてみて下さい．（ヒント：「$<\dfrac{\varepsilon}{2}$」という不等式を 2 つ使うことになります．）　□

問題2.1 第2章で $t-\delta \leq s \leq t+\delta \implies |f(s)-f(t)|<\varepsilon$ という関係式で示した図を見て下さい．その図に示されているように，その点から原点までの距離を ε としたとき，t の変化幅が δ より小さければ点 $f(t)$ の動きの幅が ε より小さくなるように δ を選べばよいのです．第5章と第6章で説明しますが，実は変数 t が $[0,1]$ 区間(閉区間)を動くならば，まず原点までの距離 ε に最小値(正の定数)があります．その最小値をあらためて ε と書くことにしましょう．その ε に対して，連続関数 f については上の関係式をグローバルに満たすような正の数 δ を選ぶことがいつでも可能です．(このような性質を**一様連続**と言います．詳しくは第5章と第6章を見て下さい．)ここではそれを感覚的に認めて，図に表わすだけにとどめておきましょう．

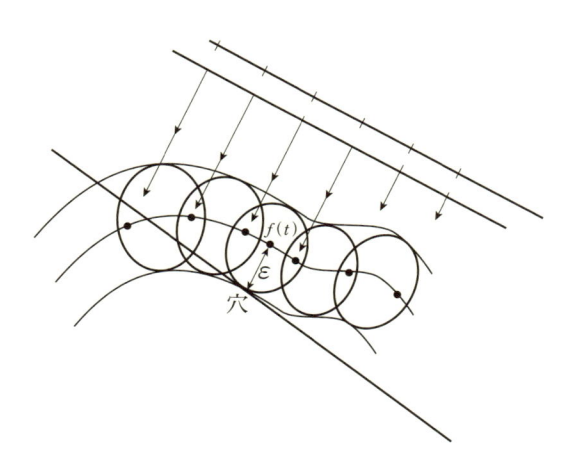

$[0,1]$ 区間の分割幅 δ を非常に細かくして，今述べた条件を満たすようにしておけば，それに対応する曲線上の小部分の一つ一つがそれぞれどれかの ε 近傍に含まれるようになり，従ってそれらはいずれも(一つ一つ個別に)「穴の片側」を動くことになります．なぜなら，穴は，経路上のすべての点から ε より遠く離れているのですから．

問題2.2　これは，問題 2.1 で考えたような道筋の分割を図に書き込んでみれば，図を見ただけでほとんど明らかなことでしょう．細かく分割した微小区間の一つ一つで，中心角の変化量 $\Delta\theta$ を考えます．微小区間は順序良く次々に並んでつながっているわけですから，通算した中心角の変化は，それぞれの微小区間での変化量を（左回りに進む場合には正の数として，右回りに進む場合には負の数として）次々に順序良く足し算していった総和です．この問題での二つの道筋では，いずれもその始点と終点が原点を通る同じ直線上にあって互いに原点の反対側にありますから，原点を右側に見て進む左の図の場合には通算の中心角の変化が $-\pi$ に，原点を左側に見て進む右の図の場合には通算の中心角の変化が π になることは図を見ればわかるでしょう．

問題2.3　答は，n が偶数ならば回転数は 1，n が奇数ならば回転数は 2，となります．まずは実験をしてみて，その後で理由を考えて下さい．そのためのヒントとして，問題 2.4 と問題 2.5 を挙げておきました．そちらも合わせて考えてみて下さい．

問題2.4　中心線が回転数 1 で「出発した位置」に戻るとき，境界線上での「位置」が元の「出発した位置」に戻っているかどうかが問題です．実は，M_n を作った際の「ねじりの回数」が 180 度の偶数倍であるか奇数倍であるかによって，境界線上で元の位置に戻るのか，それとも元とは反対側の位置に戻ってしまうのかが決まります．このように，図形的情報の「二者択一」の状態が n が偶数か奇数かという数値的データで決まること，これこそが群論が登場するためのきっかけとなるものです．こ

のことについては，第11章で少し具体的な例を使って説明したいと思います．

問題2.5 曲面 M_n 上で，どこでもいいですから一つの点を選んで，その点で(十分小さい ε 近傍で)どちらでもいいですから好きな方の側をまず「表」と決めます．次に，今考えた ε 近傍に隣接する，別の点の ε 近傍で，今決めたばかりの「表」と合致する側をその ε 近傍の「表」と決めます．このようにして，次々に隣接する別の近傍へと「表側」の指定を拡張してゆきます．

実は，M_n を作った際の「ねじりの回数」が180度の偶数倍である場合，つまり問題 2.4 で境界線上の点をたどったときに一周しただけで境界線上で元の位置に戻る場合には，最後まで「表側」の指定を拡張することで，この曲面全体にわたるグローバルな「表側」の指定が完了できるのです．

一方，M_n を作った際の「ねじりの回数」が180度の奇数倍である場合には，「表側」の指定を拡張していったときに，帯を一周したら「表」と「裏」がつながってしまうという現象が起こります．このような性質を持つ曲面を「向き付け不可能な曲面」と言い，そのような曲面ではこの問題 2.5 で言う「グローバルに表裏を決める」ことは不可能です．このことについては，第4章と第8章でも少し触れます．

問題3.1 一言で説明すれば，「与えられた ε を g の連続性に適用して決まる δ を，f の連続性における ε として適用すればよい」ということです．

もう少し具体的に説明しましょう．合成関数 gf が連続であることを言いたいのですから，まず定義域に任意の t を選んでおき，それから任意の正の数 ε を選びます．それに対して，「関数 g は点 $f(t)$ において連続である」という仮定から，ある δ' が選べて，

$$t-\delta' \leqq y \leqq t+\delta' \Longrightarrow |g(y)-g(f(t))| < \varepsilon$$

とできます．次に，「関数 f は点 t において連続である」という仮定から，ある正の数 δ が選べて，

$$t-\delta \leqq s \leqq t+\delta \Longrightarrow |f(s)-f(t)| < \delta'$$

とできます．この最後の不等式から $f(t)-\delta' \leqq f(s) \leqq f(t)+\delta'$ が従いますから，これを $y=f(s)$ としてさきほどの条件式に代入すればよいのです．

問題3.2 (1) $t = \dfrac{1}{x}$ (ただし $x \neq 0$)と $y = \sin(t)$ がどちらも連続関数であることはよく知られています．そこで，問題 3.1 によって (1) がわかります．

(2) $\varepsilon = \dfrac{1}{100}$ とします．これは正の数ですが，($t=0$ において)

$$-\delta \leqq s \leqq \delta \Longrightarrow |F(s)-F(0)| < \dfrac{1}{100}$$

を満たすような正の数 δ は決して存在しません．なぜなら，$F(0)=1$ ですが，どんなに小さい正の数 δ を考えても，その δ と 0 との間にある正の数 s で，$F(s) = \sin\left(\dfrac{1}{x}\right) = -1$ となる $s = \dfrac{1}{(2n-\frac{1}{2})\pi}$ (n は十分大きな整数)が存在し，$|F(s)-F(0)| = |1-1| = 2 > \dfrac{1}{100}$ となるからです．

(3) どの n に対しても $F(a_n) = \sin\left(2n-\dfrac{1}{2}\right)\pi = 1$ となるので，これが

$F(0)=1$ に収束するのは明らかですね.

(4) 上の (3) の数列 a_n のようなものはむしろ特殊で,ほとんどの場合 $F(b_n)$ は $F(0)=1$ には収束しません.自由に数列 b_n を作って考えてみて下さい.

問題3.3 まず,「$x=2$ において連続である」ことを示しましょう.定数値関数 $y=\varphi(x)=3$ は($x=2$ において)連続です.なぜなら,どんな正の数 ε に対しても(どんな s に対しても)
$$|\varphi(s)-\varphi(2)|=|3-3|=0<\varepsilon$$
となるからです.また,関数 $y=\psi(x)=x+1$ も($x=2$ において)連続です.なぜなら,どんな ε に対しても,$\delta=\dfrac{\varepsilon}{2}$ とおけば
$$2-\frac{\varepsilon}{2}\leqq s\leqq 2+\frac{\varepsilon}{2}\Longrightarrow|\psi(s)-\psi(2)|<|s-2|\leqq\frac{\varepsilon}{2}<\varepsilon$$
なるからです.従って,これら両者を「混合」した問題の関数 $f(x)$ も,$x=2$ において連続です.

次に,$x\neq 2$ である x を任意に選びます.この点 x において関数 $f(x)$ が連続でないことを示しましょう.今,すでに点 x を選んであるのですから,これは**定数**です.関数 $f(x)$ がこの点 x において連続ではなかったと仮定します.そこで,$\varepsilon=\dfrac{|x-2|}{4}$ とおくと,これは(0でない)正の定数です.連続と仮定したことから,この $\varepsilon=\dfrac{|x-2|}{4}$ に対して,ある正の数 δ が選べて
$$x-\delta\leqq s\leqq x+\delta\Longrightarrow|f(s)-f(x)|<\varepsilon$$
とできるはずです.ところが,どんなに狭い幅の区間にも必ず無理数と有理数の両方ともが存在しますので,$x-\delta\leqq s\leqq x+\delta$ という範囲では,無

理数 s_1 について $f(s_1)=3$ より $|f(s_2)-f(x)|<|s_2+1-f(x)|$ であって，有理数 s_2 については $f(s_2)=s_2+1$ より $|f(s_2)-f(x)|<|s_2+1-f(x)|$ です．両者を辺々足し算すると，$|s_2-2|<\varepsilon+\varepsilon=\dfrac{|x-2|}{2}$ となります．

ここで，この右辺 $\dfrac{|x-2|}{2}$ が正の定数であったことを思い出して下さい．s_2 は，$x-\delta\leq s\leq x+\delta$ を満たす有理数ならば何でもよかったのですから，この s_2 をいくらでも x の近くにとることができます．すると，不等式の左辺 $|s_2-2|$ は値 $|x-2|$ にいくらでも近くなります．この値 $|x-2|$ は，右辺 $\dfrac{|x-2|}{2}$ よりも大きいですから，それにいくらでも近づくことのできる左辺 $|s_2-2|$ が**常に**右辺よりも小さいということはあり得ません．こうして矛盾が導けましたので，不連続性が証明できました．

注意：この関数 $f(x)$ においては，「x が無理数で $f(x)=3$ となる部分」と「x が有理数で $f(x)=x+1$ となる部分」とが今のようにいわば「分離」することで不連続性を発生させているわけですが，ただ一個所「$x=2$ において」のみ，その「分離」していた両者が「つながっている」ことに注意して下さい．

問題3.4 第2章を思い出して，「中心角の微小変化」$\Delta\theta$ を計算してみましょう．道筋 $f(\theta)=(r(\theta)\cos\theta,\ r(\theta)\sin\theta)$ が $\theta=\theta_1$ から $\theta=\theta_2$ まで微小に変化したとします．（つまり $\theta_2=\theta_1+\Delta\theta$ とします．）すると，点の位置ベクトル $f(\theta)$ は，$f(\theta_1)=(r(\theta_1)\cos\theta_1,\ r(\theta_1)\sin\theta_1)$ から $f(\theta_2)=(r(\theta_2)\cos\theta_2,\ r(\theta_2)\sin\theta_2)$ まで動きます．この2点間で中心角

がどれだけ変化したかというと，(x 軸を基準の方向とすれば）点 $f(\theta_1)$ の中心角は θ_1 であり，点 $f(\theta_2)$ の中心角は θ_2 ですから，その微小変化は $\theta_2 - \theta_1 = \Delta\theta$ です．（注意：θ_1 と θ_2 が微小な変化をしている場合だけに制限して考えていますから，その変化量は十分に小さいので，ここの答は $\Delta\theta$ であって $\Delta\theta + 2\pi$ ではあり得ません．）結局，道筋の変数パラメータが $\Delta\theta$ だけ変化すれば「中心角の微小変化」も（それと同じ）$\Delta\theta$ となることがわかりましたので，

$$\varphi(2\pi) = \int_0^{2\pi} d\theta = [2\pi - 0] = 2\pi$$

となり，回転数は $\dfrac{\varphi(2\pi)}{2\pi} = \dfrac{2\pi}{2\pi} = 1$ です．$r = r(\theta)$ が，正の値を持つ連続関数ならば**何でもよい**ことに注意して下さい．

問題3.5 まず点 x を任意に選んでおいて，関数 $f(x)$ がこの点 x で連続であることを示します．g は連続関数なので，任意の正の数 ε に対して，x において

$$x - \delta \leq s \leq x + \delta \Longrightarrow |g(s) - g(x)| < \varepsilon$$

となる正の数 δ が選べます．さて，$f(x)$ は区間 $[0, x]$ 上での $g(t)$ の最大値で，$f(s)$ は区間 $[0, s]$ 上での $g(t)$ の最大値です．s は x より大きい場合も小さい場合もありますが，いずれにしてもこれら両者，$f(x)$ と $f(s)$ の違いは，変数 t が x と s の間を動くときに $g(t)$ の値がどうなるか，ということによって決まるものです．

［場合 1］：まず，最初に選んだ点 x において $f(x) = g(x)$ となっていた場合を考えます．つまり，$g(t)$（$0 \leq t \leq x$）が $t = x$ で最大値をとる場合です．任意の正の数 ε に対して，さきほどのように δ を選べば，$x - \delta \leq t \leq x + \delta$ の範囲で $g(t)$ は $g(x) - \varepsilon$ と $g(x) + \varepsilon$ の間を動きます．

そこで，$x-\delta \leqq s \leqq x+\delta$ の範囲にある s に対する $g(t)$ $(0 \leqq t \leqq s)$ の最大値 $f(s)$ を考えると，これはたとえ s によって変化するとしても，値 $f(x)=g(x)$ の上下プラスマイナス ε の幅しか動けません．従って，

$$x-\delta \leqq s \leqq x+\delta \Longrightarrow |f(s)-f(x)| \leqq \varepsilon$$

が言えました．

［場合2］：残っているのは，最初に選んだ点 x において $f(x) \neq g(x)$ となっている場合です．つまり，$g(x)$ が $g(t)$ $(0 \leqq t \leqq x)$ の最大値ではない場合です．この場合は，まず $\varepsilon'=f(x)-g(x)$ とおいて（$f(x)$ は最大値ですから $g(x)$ より大きいのでこれは正の数です）この ε' に対して g の連続性より

$$x-\delta \leqq s \leqq x+\delta \Longrightarrow |g(s)-g(x)| < \varepsilon' = f(x)-g(x)$$

となる正の数 δ が選べます．この不等式は「$g(s)$ と $g(x)$ の差は，$f(x)$ と $g(x)$ の差より小さい」と言っていますので，$x-\delta \leqq s \leqq x+\delta$ を満たす s については $g(s)$ が $f(x)$ より大きくなることはできず，従ってそういう $g(s)$ は最大値にはなれません．結局，区間 $[0, s]$ 上での $g(t)$ の最大値もやはり $f(x)$ であることがわかり，言い替えれば $f(s)=f(x)$ すなわち $|f(s)-f(x)|=0$ なので，これはどんな正の数 ε よりも常に小さいです．

以上で，いずれの場合にも「その点 x において $f(x)$ が連続である」ことが言えましたので，結論が証明できました．

問題3.6 例えば，$g(t)=t^3-4t^2+5t=(t-1)^2(t-2)+2$（ただし $t \geqq 0$）という関数を考えます．増減表を書いてみればわかりますが，この関数はまず $g(0)=0$ から出発して，$0 \leqq t \leqq 1$ の範囲で単調に増加し，極大値 $g(1)=2$ に至ります．そこから減少を始め，極小値を過ぎてか

ら再び増加に向かい，$t=2$ のときに再び $g(2)=2$ となって，そのまま $t\geqq 2$ の範囲ではずっと増加を続けます．

この関数に対して問題の関数 $h(x)$ を考えれば，それは $0\leqq x\leqq 1$ のとき $h(x)=x$，$1\leqq x<2$ のとき $h(x)=1$，$2\leqq x$ のとき $h(x)=x$ となります．グラフを書いてみればわかりますが，この関数 $h(x)$ は $x=2$ において不連続ですね．

注意：この例も，第3章に出てきた「一方通行道路での最短到達時間」の例と似た挙動と言えるでしょう．

問題4.1 i を虚数単位 ($i^2=-1$) とします．$z=(1+2k)\pi i$ (k は整数) ならば，$e^z=\cos(1+2k)\pi+i\sin(1+2k)\pi=-1$ となります．一般に $e^z=w$ となる z が $z=\log(w)$ と呼ぶべきものですから，ここでは $z=(1+2k)\pi i$ (k は整数) というものが $z=\log(-1)$ の候補です．

でも，log が「関数」であるためには，ひとつの数 w に対してひとつだけの値 $\log(w)$ が定まるものでなければなりません．ところが，$w=-1$ に対し，値の候補である複素数値が $z=(1+2k)\pi i$ と，k が整数全体を動くために無限個出てきてしまいます．ですから，このままでは log を「関数」と呼ぶことはできません．

この困難を回避するためには，「複素数変数の関数 $\log: C-\{0\} \longrightarrow C$」というものを考えるのをやめて，「$Y=C-\{0\}$ の被覆空間 $\tilde{Y}$ 上に変数を持つ関数 $\log: \tilde{Y} \longrightarrow C\ (=V)$」をを考えればよいのです．これが，「複素変数の対数関数」というものです．この第4章では，この $Y=C-\{0\}=R^2-\{0\}$ の被覆空間 $\tilde{Y}$ について主に考えています．

問題 4.2　問題の直前の説明により，図の下辺の写像は $z = x + iy \in V = C$ に対して $R^2 - \{0\}$ の要素 $(e^x \cos y, e^x \sin y)$ を対応させています．$R^2 - \{0\}$ を $C - \{0\}$ に同一視することによって，この要素は複素数 $e^{x+iy} = e^x(\cos y + i \sin y)$ となって，定義からこれが指数関数の値 $f(z) = e^z$ です．

次に，「対数関数」を考えるために，まず図の右下の図形 $Y = C - \{0\}$ の任意の要素である複素数 w をとります．$w \neq 0$ なので，$w = r\cos\theta + ir\sin\theta$ と書けます．「らせん階段面」$\tilde{Y}$ の点であって，(穴のあいた)平面 Y に投影すればこの点 w に落ちるようなものは，作り方から，全単射 φ^{-1} によって $V = R^2$ の点 (x, y)，つまり $V = C$ の点としては $z = x + iy$ であって $r = e^x$ かつ $y = \theta$ であるようなものに値を持ちます．ところが，そのような $z = x + iy$ を図の下辺の写像(指数関数)で $Y = C - \{0\}$ にうつせば $f(z) = e^z = e^{x+iy} = e^x(\cos y + i \sin y) = r\cos\theta + ir\sin\theta = w$ となります．こうして「投影すれば $w \in Y$ になるような $\tilde{Y}$ の点」が，全単射 φ^{-1} によって「$f(z) = w$ となるような z」にうつることが言えました．この対応こそが，ある意味で(指数関数 $f(z) = e^z$ の「逆関数」に近い)「対数関数」にあたるものなのです．問題 4.1 の $\log(-1) = (1 + 2k)\pi i$ (k は整数)という「答」も，この観点からもう一度見直してみて下さい．

問題 4.3　Y 上で始点から終点へと進むときの通算中心角の値 $\varphi(1)$ は，今考えている道筋を (ε 近傍によって微小区間に分割して) 少しずつ進むときの中心角の微小変化の総和です．ところが，被覆空間 $\tilde{Y}$ 上では，$f:[0, 1] \to \tilde{Y}$ は出発点から「n 階上まで登る」という道筋なので，そこでの微小変化を (被覆空間の定義にあるように ε 近傍での局所的な

全単射を通じて) Y での道筋に一つ一つ移してみれば，結局 Y 上では出発点から原点のまわりを反時計回りに n 回まわる」という道筋になっています．すると，通算中心角の値 $\varphi(1)$ は $2\pi n$ であることがわかり，P から P_n までの道筋は (Y に投影すれば) n 回の回転をあらわしていることがわかります．

問題4.4 被覆空間の投影写像 $p: \tilde{Y} \to Y$ は，問題 4.2 で考察したように，指数関数 $w = e^z : C \to C - \{0\}$ と同一視できます．z に $g(z) = \frac{1}{z^m}$ を対応させる Y から Y への写像において，この方法で z を w に取り替えると，$e = e^z$ に対して $e^{\frac{1}{z^m}} = -me^z = -mw$ を対応させることになります．つまり，w を $-mw$ へという，単なる「$-m$ 倍する」写像（線形写像）です．問題 4.2 で考察したように，道筋の中心角は $\tilde{Y} = V = C$ においては複素数の虚数部分の変化量によってあらわされますが，複素数を $-m$ 倍すれば虚数部分もすべて $-m$ 倍になりますので，結局「k 回の回転」は $-m$ 倍する写像 $\tilde{g}$ によって「$-mk$ 回の回転」に変わります．

問題4.5 M_n も M_1 も，（中央線の回転方向の長さが半分以下の部分に制限すれば）全く同じものと考えられます．従って，**局所的には** M_n と M_1 は全く同じ挙動をします．ですから，切り離してできる被覆空間 $\tilde{M}_n \to M_n$ は，（局所的には）やはり「2 対 1」の対応です．

グローバルに $\tilde{M}_n$ がどのような図形になるかは，少し複雑な問題になります．紙とはさみとのりを使って，ぜひ自分で実験してみて下さい．ヒントとして，いくつかの事実を挙げておきましょう．

(1) M_n は (n が偶数か奇数かによって) 向き付け可能な曲面になることも向き付け不可能な曲面になることもありますが, (その上に2対1で乗っている) 被覆空間 $\tilde{M}_n$ は, 常に向き付け可能です. ($\tilde{M}_n$ の境界線が, 必ず「今切ったばかりの新しい切り口の部分」と「はじめから境界線である部分」の2種類に分かれるからです.)

(2) n が奇数ならば, $\tilde{M}_n$ は一続きの曲面ですが, n が偶数ならば, $\tilde{M}_n$ は2つの曲面に分かれています. ($n \neq 0$ ならばその2つは互いに「絡んで」います.)

(3) n が奇数で $n \geq 3$ ならば, (一続きの曲面) $\tilde{M}_n$ は (3次元空間の中で)「結び目」になっています.

問題4.6 この対応 $p: R^2 \to T^2$ では, xy 平面 R^2 を幅が1の正方格子に区切ってみれば, 格子で区切られた一つ一つの正方形がそれぞれトーラス面 T^2 上全体に対応するようになっています.

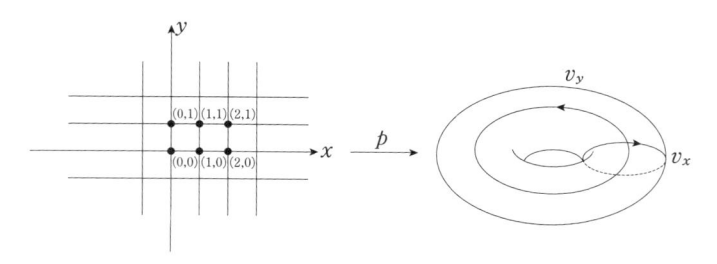

x 座標が1だけ増えれば, T^2 上で v_x 方向に1回転 (角度 2π) 進みます. y 座標が1だけ増えれば, T^2 上で v_y 方向に1回転 (角度 2π) 進みます. この対応 p は全体としては連続な全射ですが, ε を $0 < \varepsilon < \frac{1}{2}$ としておけば, R^2 におけるどの点の ε 近傍もその直径が1より小さいで

すから，それを p で T^2 にうつせば T^2 上でどちらの方向にも 2π より小さい角度の幅しか動けず，従ってその範囲内では p が全単射になっています．こうして，この $p: R^2 \to T^2$ が被覆空間の定義の条件を満たしますので，$R^2 = \widetilde{T^2}$ とみることができます．

これも問題 4.2 の $C-\{0\}$ の被覆空間と同様に「無限個対 1 個」の対応ですが，こちらは単なる 1 種類の「中心角」による無限個ではなく，2 方向の異なった「中心角」から成る，より複雑な無限個になっています．

問題4.7 ここでも問題 4.6 と似て 2 種類のタイプの回転が問題になるのですが，実はこちらの方が，問題 4.6 よりもはるかに複雑なものになります．その理由は，問題 4.6 で「可換」だったものがこの問題 4.7 では「非可換」になることです．

問題 4.6，つまりトーラス面 T^2 の被覆空間においては，先に v_x 方向に 1 回転してから後で v_y 方向に 1 回転する道筋も，順序を入れ替えて v_y 方向を先にして v_x 方向を後にした道筋も，どちらも実質的に「同じ」です．そのことは，$\widetilde{T^2}$ が正方格子で区切られた平面 R^2 なので，その平面 R^2 上で $(0, 0) \to (1, 0) \to (1, 1)$ と進む道筋が連続的な変形によって $(0, 0) \to (0, 1) \to (1, 1)$ と進む道筋に直せることからわかります．（厳密には第 12 章で紹介する定理を使います．）

ところが，今の問題 4.7，つまり $Y = R^2 - \{(0, 0)\} - \{(1, 0)\}$ の被覆空間においては，先に $(0, 0)$ という穴のまわりを一回転してから後で $(1, 0)$ という穴のまわりを一回転するのと，その順序を入れ替えたものとは，連続的な変形で結べません．第 2 章で考えた「柱のまわりに紐をグルグル這わせる」例と類似のモデルで考えれば，ここでは台の上に柱が 2 本立っていて，それらのまわりに紐を這わせることになります．先

に左の柱のまわりを巻いて，次に右の柱のまわりを巻いた紐と，順序を入れ替えて巻いた紐とでは，本質的に違った巻き方をしているのです．(先に置いた部分の紐の上を横切るか，下を通って横切るかの違いで，本質的に異なった「絡み」ができるからです．)

結局，こちらの場合は，「点 $(0, 0)$ のまわりの回転数」と「点 $(1, 0)$ のまわりの回転数」とを単純に 2 つの整数というデータとして扱うことはできず，**順序もこめて** 2 種類の回転を並べたデータが必要になります．(第 8 章の用語で言えば，Y の基本群が 2 個の要素で生成された「非可換」な群になるのです．問題 8.5 を参照して下さい．)

問題 5.1 開区間 $\left(0, \frac{\pi}{2}\right)$ に定義域を制限すれば tan という関数は単調増加な連続関数で，その範囲では逆三角関数も連続関数ですから，この対応によって開区間 $\left(0, \frac{\pi}{2}\right)$ が半直線 $(0, \infty)$ と同相になります．もちろん，開区間 $(0, 1)$ と開区間 $\left(0, \frac{\pi}{2}\right)$ とは「$\frac{\pi}{2}$ 倍」という対応によって同相ですので，合わせて開区間 $(0, 1)$ と半直線 $(0, \infty)$ を結ぶ同相対応ができます．開円板 $(D^2)^\circ$ と xy 平面を結ぶ同相対応を作るには，開円板と平面をそれぞれ極座標表示して，角度座標は変更せず，原点からの距離座標のみ今の同相対応で $(0, 1)$ を $(0, \infty)$ に変えれば，それが開円板と平面の同相を与えていることは簡単に確かめられるでしょう．

ここでは円板が開いている (つまり境界部分 $\partial D^2 = \{x \in R^2 \mid \|x\| = 1\}$ を含んでいない) ことが何よりも重要です．もしも原点からの距離が 1 という点が含まれてしまえば，今作った同相対応によってその点が xy 平面上には存在しない「無限遠の点」と化してしまうからです．

問題5.2　$r \neq 0$ ならば $r \longmapsto \dfrac{1}{r}$ の逆対応は $r \longmapsto \dfrac{1}{r}$ ですので，g が（幅が 1 の）半開区間 $(0, 1]$ と（幅が無限大の）半開区間 $[1, \infty)$ との同相対応を与えていることがわかります．

それを使って Y_1 と Y_2 との対応を作るやり方は，問題 5.1 と同じです．つまり，Y_1 と Y_2 をそれぞれ極座標表示して，角度座標は変更せず，原点からの距離座標を g によって対応させるのです．Y_1 が半開区間 $(0, 1]$ に対応する部分，Y_2 が半開区間 $[1, \infty)$ に対応する部分で，距離座標成分が同相対応していて角度座標成分は同一なのですから，全体として Y_1 と Y_2 を結ぶ同相対応になっています．

この結果から，例えば Y_2 において「非常に遠く」に無数に穴をあけて行く操作は，同相対応によって Y_1 での操作と見直せば，それは Y_1 の中で原点に「非常に近く」，原点にいくらでも近いところに無数に穴をあけて行くことに相当しています．つまり，「無限に遠くに延びる」ことと，「一点の無限に近くに寄る」こととは，ある意味で同等な概念だとも言えるのです．

問題5.3　(1)　背理法で証明しましょう．閉区間 $[0, 1]$ で定義された連続関数 $f(x)$ があって，これが一様連続ではなかったと仮定します．一様連続の定義を否定すると，ある正の数 ε があって，どんなに工夫して正の数 δ を選んでも必ず定義域上のどこかに s と t という 2 点があって，$t-\delta \leqq s \leqq t+\delta$ なのに $|f(s)-f(t)| \geqq \varepsilon$ となってしまう，ということになります．

任意の番号 n に対して，$\delta = \dfrac{1}{n}$ とおいて，上記の条件を満たすような 2 点 s と t のことを，それぞれ s_n と t_n とします．すべての番号 n に対して

$|s_n-t_n|\leq\dfrac{1}{n}$ なのですから，n が大きくなればこれら 2 点は互いにいくらでも近くなります．一方，関数値 $f(s_n)$ と $f(t_n)$ とは $|f(s_n)-f(t_n)|\geq\varepsilon$ なので両者の差は常に定数 ε よりも大きいです．（ここで ε が**最初に選んで決めた** 定数であって，番号 n が変化しても定数 ε は一定のまま，ということに注意して下さい．）

そこで，解析学の教科書に載っている「有界な数列は必ず収束する部分列をもつ」という定理を使います．今の場合，数列 s_n のある部分列（番号をすべての n で動かすのではなく，飛び飛びにうまく番号を選んで，あらためてそれを数列とみたもの）がある値 a に収束し，数列 t_n のある部分列がある値 b に収束するということになります．さきほど言ったことから，s_n と t_n は互いにいくらでも近くなることがわかっていますので，収束値 a と b は等しくならざるを得ません．つまり $a=b$ です．ところが一方，s_n のその部分列と，t_n のその部分列をそれぞれ関数 $f(x)$ に代入すると，これが連続関数だという問題の条件から，それぞれの部分列のところでは関数値が**同じ** $f(a)=f(b)$ に収束することになります．（第 3 章にある連続関数の定義を見て下さい．）これは，さきほど言った「関数値 $f(s_n)$ と $f(t_n)$ の差が常に一定の正の定数 ε よりも大きい」ということに矛盾します．こうして，背理法によって一様連続性が証明できました．

(2) $f(x)=\tan\left(\dfrac{\pi}{2}x\right)$ とおきます．これは $0<x<1$ の範囲で連続な関数ですが，$0<x<1$ の範囲で x が 1 に近づけば $f(x)$ の値はいくらでも大きな正の数になります．仮に，この $f(x)$ が $0<x<1$ の範囲で一様連続であったと仮定しましょう．$\varepsilon=1$ は正の数ですので，一様連続の定義から，この $\varepsilon=1$ に対して，ある正の数 δ が存在して

$$t-\delta\leq s\leq t+\delta\Longrightarrow|f(s)-f(t)|<\varepsilon=1$$

が定義域の開区間 (0, 1) 上で**常に**成立することになります．ところが，$\frac{1}{\delta}$ よりも大きな正の整数 N を一つ選んでおいて，定義域 (0, 1) を N 等分すると，N 等分した一つ一つの小区間の幅は $\frac{1}{N}$ で，この幅は δ よりも小さいです．s と t が同一の小区間に属しているならば，$|s-t|<\delta$ なので $t-\delta \leq s \leq t+\delta$ が満たされますから，$|f(s)-f(t)|<1$ となります．つまり，変数が一つの小区間の中を動くとき，関数値の変動は 1 以下です．小区間の個数は全部で N 個あるのですから，すべての小区間を寄せ集めれば，定義域 (0, 1) の全体にわたって変数が動くときに関数値の変動は $1 \cdot N = N$ 以下だということがわかります．でも，$\lim_{x \to 1-0} \tan\left(\frac{\pi}{2}x\right) = \infty$ なので，$f(x)$ の関数値の変動が一定の数 N 以下だということはあり得ません．従って，この $f(x)$ については $0<x<1$ の範囲で一様連続という仮定が誤っていたことが示せました．

問題5.4　微分表式（平均値の定理）を使います．（詳しくは解析学の教科書を参照して下さい．）s と t がともに $0<x<1$ の範囲にあれば，s から t までの小区間で（その両端も込めて）$f(x)$ は微分可能ですから
$$f(s)-f(t)=f'(t+\theta(s-t))(s-t)$$
（ただし $0<\theta<1$）という等式が成立します．一様連続の定義の条件を調べるにあたって，まず任意の正の数 ε をとります．この ε に対して，$\delta = \frac{\varepsilon}{2C}$ とおきます．これはもちろん正の数です．もしも $t-\delta \leq s \leq t+\delta$ ならば，$|s-t| \leq \delta = \frac{\varepsilon}{2C} < \frac{\varepsilon}{C}$ なので，$|f(s)-f(t)| = |f'(t+\theta(s-t))| \cdot |s-t| < C \cdot \frac{\varepsilon}{C} = \varepsilon$ となり，条件が満たされますので，これで

証明が完結しました．

注意：与えられた ε に応じて，$\delta = \dfrac{\varepsilon}{2C}$ とおいたことに注意しましょう．これは，$\dfrac{\varepsilon}{\delta} = 2C$ とおいたということ，つまり（与えられた最大値 C に応じて）「$\dfrac{\varepsilon}{\delta}$ という比」が $2C$ になるようにした，ということです．ε と δ の比を，どこの接線の傾きに比べてもその 2 倍より大きい，それほど十分に大きなものになるようにしておきさえすれば，一様連続の条件が満たされたのです．

$|s-t| \leq \delta \Longrightarrow |f(s)-f(t)| < \varepsilon$ という条件において，「δ 分の ε という比」は「変数の変化の幅あたりの関数値の変動量」を意味しているのですから，これが接線の傾き（微分係数）と密接な関係にあるのも，自然なこととして納得できるのではないでしょうか．

第 5 章でも少し触れた $y = \sin\left(\dfrac{1}{x}\right)$ という関数の場合は，x が原点に近づくに従って，いくらでもグラフの傾きが急傾斜になっていきますので，そのため $f'(t)$ を C という定数で抑えることができず，ε と δ の比が制御できないために一様連続にはならない，ということです．

問題6.1 (1) 集合 $\{a\}$ が閉集合の定義を満たすことを調べましょう．集合 $\{a\}$ に属する点列 $\{x_1, x_2, x_3, \cdots\}$ とは，すべての番号 j で $x_j = a$ というものしかあり得ませんから，その収束値は自動的に a になり，これはもともと集合 $\{a\}$ に属していますので，条件が満たされます．

集合 $[a, \infty) = \{x \in R \mid a \leq x\}$ については，収束する点列 $\{x_1, x_2, x_3, \cdots\}$ がすべての番号 n で $a \leq x_j$ を満たしていれば，その極限値も $a \leq \lim_{j \to \infty} x_j$ を満たします．（その理由は解析学の教科書を参照して下

さい．) 従って，その極限値も集合 $[a, \infty)$ に属することになって，これが閉集合であることがわかりました．

次に，端点を含まない半直線 $(a, \infty) = \{x \in R \mid a < x\}$ が開集合の定義を満たすことを調べましょう．その任意の要素 x をとります．$a < x$ なのですから，$\varepsilon = x - a$ とおけば，これは正の数です．この点 x の ε 近傍は

$$\{t \in (a, \infty) \mid \|t - x\| < \varepsilon = x - a\}$$

ですが，$\|t - x\| < x - a$ ならば必ず $t > a$ となりますから，この ε 近傍が半直線 (a, ∞) に完全に含まれることが言え，半直線 (a, ∞) が R の開集合であることがわかりました．

(2) まず，連続写像の定義を思い出しましょう．第3章に書いてある連続写像の定義は変数 s が実数である場合についてでしたが，定義域が R^n であって変数 $x \in R^n$ がベクトルである場合も定義は全く同様です．それは，どんな正の数 ε に対しても

$$\|x - t\| \leq \delta \implies |f(x) - f(t)| < \varepsilon$$

を満たすような正の数 δ を選ぶことができるときに写像 f が点 t において連続であると言う，という定義です．

さて，そのような連続写像 $f : R^n \longrightarrow R$ について考えましょう．X が R の閉集合とします．その逆像 $f^{-1}(X)$ が R^n の閉集合になることを示すには，閉集合の定義により，集合 $f^{-1}(X)$ に属する点列 $\{x_1, x_2, x_3, \cdots\}$ が (R^n の中で) ある一点 α に収束するならば，その極限 $\alpha = \lim_{j \to \infty} x_j$ もやはり集合 $f^{-1}(X)$ に属するということを言えばよいのです．言い替えれば，$f(\alpha)$ が集合 X に属することを言えばよいのです．

そこで，まず任意に正の数 ε をとります．写像が点 α において連続であることから，この ε に応じてある正の数 δ を選んで

177

$$\|x-\alpha\| \leqq \delta \Longrightarrow |f(x)-f(\alpha)|<\varepsilon$$

とできます．点列 x_j は α に収束するのですから，第1章にある点列の収束の定義から，ある番号 N を選べば $j>N \Longrightarrow \|x_j-\alpha\|<\delta$ となります．以上2つの条件を合わせれば，$j>N \Longrightarrow |f(x_j)-f(\alpha)|<\varepsilon$ となり，R の中の数列 $f(x_j)$ が $f(\alpha)$ に収束することがわかります．x_j がすべて集合 $f^{-1}(X)$ に属するのですから，$f(x_j)$ はすべて集合 X に属し，これが閉集合だという問題の条件からその収束値 $f(\alpha)$ も集合 X に属することが言えて，証明が完了します．

次に，U が R の開集合のときにその逆像 $f^{-1}(U)$ が R^n の開集合になることを証明しましょう．$f^{-1}(U)$ の任意の点 x をとります．開集合の定義から，十分小さい正の数 ε を選べばこの点 x の ε 近傍が完全に $f^{-1}(U)$ に含まれることを言えばよいのです．

ところが，$f(x)$ が集合 U に属するのですから，U が R の開集合という仮定より，ある正の数 ε' があって $f(x)$ の ε' 近傍は完全に U に含まれています．そこで，さきほどの連続写像の定義を**この** ε' に適用すれば，

$$\|s-x\| \leqq \varepsilon \Longrightarrow |f(s)-f(x)|<\varepsilon'$$

を満たすような正の数 ε を選ぶことができることがわかります．つまり，**その** ε に対しては，この点 x の ε 近傍の任意の要素 s について $f(s)$ が $f(x)$ の ε' 近傍に含まれ，さきほどそれが完全に U に含まれていることが言えていますから，結局その x の ε 近傍が完全に $f^{-1}(U)$ に含まれることが結論できました．

(3) これも同様に，開集合と閉集合の定義を素直に使えば自然に証明できますので，ていねいに紙に書いて自分でやってみて下さい．

(4) R^n の中で座標変数 $x_1, x_2, \cdots, x_n$ の多項式で書かれた方程式 $f(x_1, x_2, \cdots, x_n)=0$ の解集合というのは，写像 $f: R^n \longrightarrow R$ による

{0} の逆像のことです．多項式の定めるこのような写像は常に連続写像です．すると，(1) と (2) によってこの解集合は閉集合の逆像なので，閉集合であることが言えます．

多項式による方程式を何個か組み合わせた連立方程式の解集合は，それぞれの解集合の共通部分ですから，(3) によってやはり閉集合です．

同様に，不等式 $f(x_1, x_2, \cdots, x_n) > 0$ の解集合は R の中の開集合 $(0, \infty)$ の逆像ですから，同じ方法で開集合であることが言えます．連立不等式についても同様に（有限個の）開集合の共通部分ですから開集合です．

また，問題では触れませんでしたが，$f(x_1, x_2, \cdots, x_n) \geqq 0$ のタイプの（等号付き）不等式の解集合は，（R の中の閉集合 $[0, \infty)$ の逆像ですからやはり (1) を使って）閉集合になります．

問題6.2　X に属する点列 $\{(a_1, b_1), (a_2, b_2), (a_3, b_3), \cdots\}$ が R^2 の点 (α, β) に収束したとします．問題1.4 によって，これは数列 a_j が α に収束し，かつ数列 b_j が β に収束するということを意味しています．図形 X が平面 R^2 の中で閉集合であることを示すには，X に属するこの点列 $\{(a_1, b_1), (a_2, b_2), (a_3, b_3), \cdots\}$ に対して，その収束点 (α, β) もやはり X に属することを言えばよいのです．

まず，$\alpha \neq 0$ の場合を考えましょう．この場合は，すべてを半径が $|\alpha|$ よりも小さい近傍の内部だけに制限して考えれば，図形 X の y 軸上の線分の部分は考えに入れなくてよいことになります．その場合は，図形 X のことを連続関数 $y = \sin\left(\dfrac{1}{x}\right)$ のグラフと見なしてよいですから，これは（その近傍内に制限する限り）問題 6.1 と同様の議論を使えば閉集合であることがわかり，収束点 (α, β) が X に属することが言え

ます．

次に，$\alpha = 0$ の場合を考えましょう．この場合は，その点 (α, β) の十分小さな近傍は第1章に図で示したようなものになります．すべての番号 j で $-1 \leq b_j \leq 1$ ですから，その極限値 $\beta = \lim b_j$ も $-1 \leq \beta \leq 1$ を満たしています．従ってその点 (α, β) は図形 X の一部分である線分 $\{(0, y) | -1 \leq y \leq 1\}$ 上にあります．これで，いずれの場合も証明が完了しました．

問題6.3 そのような開集合の集まりの一例として，次のようなものを考えます．$r_j = \dfrac{1}{j}$ とおけば，区間の集まり $(r_3, r_1]$, (r_4, r_2), (r_5, r_3), (r_6, r_4), … (最初のもの以外はすべて開区間です) は，全部の和集合をとると区間 $(0, 1]$ になります．そこで，$D^2 - \{0\}$ の部分集合として，原点からの距離がこの区間 (r_{j+2}, r_j) に属するような点全体の集合 U_j を考えます．(ただし，$j = 1$ の場合のみ距離が $r_1 = 1$ になる点も含めておきます．) 作り方から，この集合 U_j は $D^2 - \{0\}$ の開集合です．(各自，開集合の定義を使って確かめて下さい．$j = 1$ の場合も $D^2 - \{0\}$ の開集合になっていることに注意しましょう．) また，全部の和集合をとると $D^2 - \{0\}$ 全体になります．ところが，これらの開集合 U_j たちのうち**有限個**を選ぶと，その番号 j のうちで最大の番号 J がありますから，それらの和集合では $D^2 - \{0\}$ の要素のうち原点からの距離が r_{J+2} 以下の部分は含むことができません．従って有限個の和集合では $D^2 - \{0\}$ 全体にはなり得ないことが示せました．

問題6.4 (1) まず，X と Y がともにコンパクトとしましょう．直積 $X \times Y$ もコンパクトになることを示すためには，$X \times Y$ の開集合がたくさんあってそれらの和集合が $X \times Y$ 全体になっているときに，有限個を選んで和集合が全体になるようにすればよいのです．ここで直積空間の位相の定義に深入りすることはしませんが（詳しいことはトポロジー関係の教科書などを参照して下さい）実は，それらの開集合を取り直して，その一つ一つが $U_\lambda \times V_\mu$（ただし U_λ は X の開集合，V_μ は Y の開集合）という形をしているようにできるのです．すると，U_λ たちは X 全体を覆う開集合の集まりですから，X がコンパクトであることによりその有限個を選んで X 全体を覆うことができますし，V_μ たちは Y 全体を覆う開集合の集まりですから，Y がコンパクトであることによりその有限個を選んで Y 全体を覆うことができます．そこで，そうやってそれぞれ有限個ずつ選んだ U_λ たちと V_μ たちを組み合わせてできる $U_\lambda \times V_\mu$ だけを集めれば，これは有限個の $X \times Y$ の開集合の集まりであって，しかも和集合が $X \times Y$ 全体になります．これで，直積 $X \times Y$ がコンパクトになることが言えました．

(2) 次に，X と Y のどちらかがコンパクトでないとします．例えば Y がコンパクトでなかったとしましょう．直積からの射影 $p: X \times Y \longrightarrow Y$ を考えると，（直積空間の位相の定義から）これは連続写像であって全射です．すぐ後の問題6.5の結果により，もしも $X \times Y$ がコンパクトならば，その連続写像による像集合である Y もコンパクトでなければならないことになり，これは矛盾ですから直積 $X \times Y$ がコンパクトでないことが示せました．

問題6.5 $f:X \longrightarrow Y$ を連続写像であって全射としましょう．（全射でない場合には像集合 $f(X)$ のことをあらためて Y として考えて下さい．）X がコンパクトであると仮定したとき，Y がコンパクトであることを証明します．

まず，V_μ が Y の開集合で，すべての μ にわたって和集合をとれば Y 全体と一致するとします．問題6.1(2)により，連続写像による開集合の逆像は開集合ですから，その V_μ の逆像 $f^{-1}(V_\mu)$ はそれぞれ X の開集合となります．V_μ すべての和集合が Y なので，$f^{-1}(V_\mu)$ すべての和集合は X です．ところが X はコンパクトなので，そのうち有限個の和集合で X にできます．そこで，それらの有限個の番号 μ についての V_μ のみを考えると，f が全射なのでこれらの和集合は Y 全体になっています．これで，Y がコンパクトであることが証明できました．

問題6.6 (1) X_s がコンパクトでないことは，問題6.3と全く同様です．つまり，$r_j = \dfrac{1}{j}$ とおきます．すると，区間の集まり $(r_3, r_1]$，(r_4, r_2)，(r_5, r_3)，(r_6, r_4)，… (最初のもの以外はすべて開区間です) は，全部の和集合をとると区間 $(0, 1]$ になります．そこで，X_s の部分集合として，x 座標の絶対値がこの区間 (r_{j+2}, r_j) に属するような点全体の集合 U_j を考えます．（ただし，$j=1$ の場合のみ $r_1 = 1$ になる点も含めておきます．）作り方から，この集合 U_j は X_s の開集合です．また，全部の和集合をとると X_s 全体になります．ところが，これらの開集合 U_j たちのうち**有限個**を選ぶと，その番号 j のうちで最大の番号 J がありますから，それらの和集合では X_s の要素のうち x 座標の絶対値が r_{J+2} 以下の部分を含むことができません．従って有限個の和集合

では X_s 全体にはなり得ないことが示せました．

(2) 一見，今の X_s における反例と同じようにして X_1 でも反例ができるような感じがするかもしれませんが，X_s と X_1 では大きく事情が異なるのです．その違いは，真ん中の y 軸上の線分 $\{-1 \leqq y \leqq 1\}$ です．ここの部分は単なる閉区間ですからコンパクトで，どんな開集合で覆ってもそのうちの有限個で覆い尽くすことができます．実は，これら有限個の開集合だけで，すでにこの線分を覆い尽くしているのみならず，横方向（x 成分方向）にも線分全体にわたって一定の「幅」を占めた状態で覆い尽くしているわけです．

第 5 章で考察したような，X_s における $y = \sin\left(\dfrac{1}{x}\right)$ のグラフの「暴れた挙動」というものは，ただ x 成分が 0 に非常に近い部分でのみ起こっているのですから，y 軸のそばの一定の「幅」が既に（有限個の開集合だけで）覆い尽くされているのならば，それ以外の部分ではもはや何も「暴れた挙動」は残っておらず，そちらの部分だけならばコンパクトと同じく有限個の開集合で覆われます．

以上，感覚的な説明をしましたが，厳密な証明をするのもそれほど難しくないと思います．自由に考えてみて下さい．

もちろん，別の証明方法として，問題 6.2 の結果から X は閉集合で，それを $\|x\| \leqq 1$ の範囲に制限しただけの X_1 は（問題 6.1 の解答の最後に書き添えた注意によって）閉集合となり，しかも $\|x\| \leqq 1$, $\|y\| \leqq 1$ なのですから有界，従って有界閉集合ですから，第 6 章の最初の定理によってコンパクトであることが従う，という説明の仕方もあります．

問題 7.1　一般に，X と Y が同相写像 $f: X \to Y$ で結ばれていれば，X からその一点 x を除いた図形 $X-\{x\}$ は，Y から一点 $f(x)$ を除いた図形 $Y-\{f(x)\}$ と同相になります．

さて，もしも直線 R^1 と平面 R^2 が同相ならば，$R^1-\{x\}$ と $R^2-\{f(x)\}$ が同相になるはずですが，直線から一点を除いた図形 $R^1-\{x\}$ は「2つの半直線」なので連結ではない図形です．（すぐ後の連結の定義を見て下さい．）ところが，平面からどんな一点を除いても依然として「全体が一続きにつながっている」ので連結な図形のまま（問題 7.4(1) を見て下さい）ですから，それらが同相になることはあり得ません．

円 S^1 と帯 $[0, 1] \times S^1$ が同相でないことも同様です．今度は，円から2個の点を除いてみます．すると，残った図形は2つの円弧から成る，連結でない図形です．ところが，帯 $[0, 1] \times S^1$ からどんな2つの点を除いても連結な図形のままですので，これらが同相になることはあり得ません．

問題 7.2　ゴムでできた球を，それより大きな正八面体の型枠の中に置いて，ゴム球の中に空気を吹き込んで一杯に膨らませることを考えて下さい．空気で膨らむに従ってゴム球は連続的に変形し，最後には型枠の正八面体の形になります．これで，2次元球面 S^2 から正八面体の表面への連続写像ができました．

そのあとで空気を少しずつ抜けば，ゴム球は縮んで行き，やはり連続的な変形で元に戻ります．これで，逆向きの連続写像ができました．

当然ながらこれら2つの写像は互いに相手の逆写像であって，いずれも連続写像ですので，これは同相な対応を与えています．

注意すべきなのは，これらの写像が「微分可能」な写像ではないこと

です．ゴム球を型枠に沿わせるときに，なめらかな曲面が折り曲げられて，正八面体の辺や頂点の部分で「角」のある面になっています．グラフが「折れ線」になる関数がその「角」の部分で微分不可能であるのと同じ理由で，この写像はそれらの「角」の部分で微分不可能です．つまり，2次元球面 S^2 と正八面体は「微分可能同相」ではなく，単なる連続写像による同相に過ぎないのです．

問題7.3 図形 X が弧状連結であって，U_1 と U_2 がどちらも X の(空集合ではない)開集合で $U_1 \cup U_2 = X$ となっているとします．このとき，$U_1 \cap U_2$ が空集合でない(共有される点を持つ)ことを証明しましょう．

U_1 から一点 x を選び，U_2 から一点 y を選ぶと，弧状連結性より $f(0)=x, f(1)=y$ を満たす連続写像 $f:[0,1] \longrightarrow X$ が存在します．U_1 の逆像 $f^{-1}(U_1)$ は(問題 6.1 (2)により)開集合です．これは閉区間 $[0,1]$ の部分集合ですから，その**上限** α が存在します．(詳しくは解析学の教科書を見て下さい．)つまり，どんな正の数 δ に対しても α の δ 近傍には必ず $f^{-1}(U_1)$ の要素がある，そのような α のうちで最大の数のことです．その数をあらためて α と書いて，集合 $f^{-1}(U_1)$ の上限と呼びます．α は閉区間 $[0,1]$ の要素ですから，$f(\alpha)$ は X の要素で，U_1 か U_2 かのどちらかに属しています．

(1) もしも $f(\alpha)$ が U_2 の要素ならば，第 6 章の開集合の定義によって，ある ε が存在して，点 $f(\alpha)$ の ε 近傍 $\{x \in X \mid \|v-f(\alpha)\| < \varepsilon\}$ が U_2 に完全に含まれるようにできます．ところが f は連続写像ですから，第 3 章の定義により，その ε に対して
$$\alpha - \delta \leqq s \leqq \alpha + \delta \Longrightarrow \|f(s)-f(\alpha)\| < \varepsilon$$

を満たすような正の数 δ を選ぶことができます．つまり，$\alpha-\delta \leq s \leq \alpha+\delta$ を満たす**すべて**の s について $v=f(s)$ は U_2 に含まれるのです．一方，さきほど示した「α の δ 近傍には必ず $f^{-1}(U_1)$ の要素がある」ということによって，その要素の f による像は U_1 に含まれますので，$U_1 \cap U_2$ の要素が存在することがわかります．

(2) もしも $f(\alpha)$ が U_1 の要素ならば，やはり開集合の定義と連続写像の定義とを当てはめれば，正の数 δ が選べて，$\alpha-\delta \leq s \leq \alpha+\delta$ を満たすすべての s について $v=f(s)$ が U_1 に含まれるようになります．ところが，α は周囲に必ず $f^{-1}(U_1)$ の要素があるような数のうちの最大値でしたから，α より大きい s で $f(s)$ が U_1 に含まれることはあり得ませんから，可能性としては $\alpha=1$ しかありません．でも，最初の条件から $f(1)=y$ は U_2 に属していますので，もう一度その点での連続性を使えばその点の δ 近傍では $v=f(s)$ が U_2 に含まれることになり，さきほどの $v=f(s)$ が U_1 に含まれることと合わせて，U_1 と U_2 の共通部分が空集合でない（共有される点を持つ）ことが示せました．

こうして，いずれの場合も $U_1 \cup U_2$ の要素が存在することが証明できました．

問題7.4 (1) $R^2-\{0\}$ からどのように 2 点 x, y を選んでも，原点 0 を通らずにそれらを結ぶ連続な道筋 $f:[0, 1] \longrightarrow X$ ($f(0)=x, f(1)=y$) が作れることは明らかでしょう．つまり，$R^2-\{0\}$ は弧状連結な図形です．そこで，すぐ前の問題 7.3 の結果によって $R^2-\{0\}$ が連結であることがわかります．

注意： 実際問題として，ある図形が「連結である」ことを確かめるよりも「弧状連結である」ことを確かめることの方がやさしいことが多いと思

います．もしも弧状連結であることが確かめられれば，いつも問題 7.3 の結果を使ってその図形が連結でもあることが言えます．

(2) X_S が連結でないことは，$x>0$ の部分と $x<0$ の部分がどちらも開集合であって共通部分がなく，和集合をとれば X_S 全体になることからわかります．

　X や X_1 は，残念ながら弧状連結ではありません．（点 $\left(x, \sin\left(\frac{1}{x}\right)\right)$ と原点 $(0, 0)$ とを連続な道筋で結ぶことはできません．）そこで，連結であることを別途直接に示す必要があります．そのために，X の（空集合ではない）開集合 U_1 と U_2 があって，$U_1 \cup U_2 = X$ であり，$U_1 \cap U_2$ が空集合であったと仮定します．原点 $(0, 0)$ は，U_1 か U_2 かのどちらか片方に属していますので，それが U_1 であったとしましょう．この U_1 は開集合なので，第 6 章の定義により，ある正の数 ε が存在して，原点の ε 近傍が完全に U_1 に含まれています．第 1 章の図にも示されているように，その ε 近傍には X の $x>0$ の部分に属する点が必ず含まれていますので，そういう点 P_1 を一つ選びます．X の $x<0$ の部分に属する点も必ず含まれていますので，そういう点 Q_1 も一つ選んでおきます．

　次に，U_2 に属する点を一つ考えます．もしもその点の x 座標が正ならば，その点を P_2 と名付けます．もしもその点の x 座標が負ならば，その点を Q_2 と名付けます．もしもその点の x 座標が 0 ならば，さきほどと全く同様に，その点の ε 近傍の中に X の $x>0$ の部分に属する点が必ず含まれていますので，その点を P_2 と名付けます．

　いずれの場合にも，「P_1 と P_2」（$x>0$ の部分にある 2 点）または「Q_1 と Q_2」（$x<0$ の部分にある 2 点）のどちらかがとれて，片方は U_1，もう片方は U_2 に属しています．ところが，X の $x>0$ の部分自体は単なる一続きの曲線（R^1 と同相）なので，弧状連結ですから，これが共通部

分のない 2 つの開集合に分かれることはあり得ません．（X の $x<0$ の部分についても同様です．）これは矛盾ですから，X が連結であることが証明できました．（X_1 についても全く同様です．）

(3) この問題の答は，あえて書かないことにします．自由に「どんな U_1 と U_2 があり得るか」を考えてみて下さい．この Γ も，弧状連結ではない図形ですので，連結であるかないかの判断はさきほどと同様に微妙な問題です．U_1 と U_2 が作れるかどうか，よく考えてみて下さい．

問題7.5 問題 4.6 で，写像 $p: R^2 \to T^2$ は

$$\begin{cases} X = b\cos x \\ Y = (a+b\sin x)\cos y \\ Z = (a+b\sin x)\sin y \end{cases}$$

$((x, y) \in R^2)$ と定義されています．（ただし a と b は $a>b>0$ の定数です．）この写像は，グローバルには全単射になっていません．x が 2π だけ増えても，y が 2π だけ増えても，T^2 では同じ点 (X, Y, Z) に対応するからです．一方，x の変化量も y の変化量もともに 2π より小さいようなローカルな範囲に制限すれば，その近傍の内部で考える限り写像 p は全単射，同相写像になります．

そこで，（R^3 に埋め込まれた）$M = T^2$ が多様体の定義を満たしていることを確認するには，$M = T^2$ の各点 P に対して，$\varepsilon = b$ とおけばよいのです．（R^3 の中で）T^2 上の点 P からの距離が b 未満の範囲では，（b が T^2 の「筒の半径」であり，T^2 の「輪の半径」である a はさらに b よりも大きいので）決して「筒方向」（v_x 方向）にも「輪方向」（V_y 方向）にも一周することはあり得ません．

一方，xy 平面 R^2 の側では，同じ点 $P \in T^2$ に対応する点 (x, y) は

(x 方向, y 方向それぞれに 2π 周期で) たくさんありますが, それらの代表元として一つの (x_0, y_0) を選んでおきます. すると, R^2 の中での (x_0, y_0) の近傍 W と, T^2 の中の範囲 $U_b(P) \cap T^2$ との間に同相対応ができます.

W は, R^2 の中で一つの開円板 $(D^2)^\circ$ と同相ですので, 問題 5.1 の結果によってこれは R^2 と同相です. こうして, 同相写像 φ_P:
$$R^n \xrightarrow{\cong} W \xrightarrow{p} U_b(P) \cap T^2$$
が完成し, 2 次元多様体の定義を満たしています.

問題 7.6 (1) 一般に, 連結でない n 次元多様体 M は, 何個かの**連結成分** M_j に分かれます. それぞれの M_j は連結な n 次元多様体で, M の開集合であり, (どの 2 つも) 互いに共通部分はなく, 全部の和集合をとれば M になっています. また, もしも M がコンパクトならば, 連結成分は有限個しかあり得ません. (一つ一つが開集合で, 互いに共通部分がないからです.) 従って, もしも M がコンパクトな 1 次元多様体ならば, これは有限個のコンパクト連結 1 次元多様体を, それぞれが連結成分になるように (互いに共通部分なしに) 合わせたものですから, 第 7 章の分類定理の結果から, M は必ず有限個の円 S^1 を単に並べたものと同相, ということになります.

(2) 例えば, 直線 R^1 や開区間 (a, b) (第 6 章で触れたように開区間と直線は同相です) は, コンパクトでない連結な 1 次元多様体です. また, (問題 6.1 の) 半直線 $[a, \infty)$ はコンパクトでない連結な (境界を持つ) 1 次元多様体です.

問題7.7 (1) X_s は，2本の直線 $R^1 \cup R^1$ と同相です．なぜなら，$\left(x, \sin\left(\frac{1}{x}\right)\right) \longmapsto x$ という対応によって，$x>0$ の部分は $(0, \infty)$ と同相，$x<0$ の部分は $(-\infty, 0)$ と同相になり，端点を含まない半直線である $(0, \infty)$ や $(-\infty, 0)$ はそれぞれ直線 R^1 と同相だからです．従って X_s は（連結でもコンパクトでもない）1次元多様体です．

(2) X_1 や X は，多様体ではありません．原点 $(0,0)$ の近傍を考えると，どんな正の数 ε に対しても原点の ε 近傍は（第1章の図のように）無限個の「ばらばらの曲線の断片」の集まりです．（この現象を，X_1 や X が「局所連結でない」と言います．）これは，決して R^n とは同相になりません．（R^n は連結な図形だからです．）従って，多様体の定義における同相写像 φ_x を作ることは不可能で，X_1 や X が多様体になることはあり得ません．

問題8.1 $S^2 = \{x \in R^3 \mid \|x\| = 1\}$ の点 $x_0 = (0,0,1)$ を考えます．（球面の「北極点」です．）$f : S^2 \to R^2 \cup \{\infty\}$ を，次のように定義します．

まず，$f(x_0) = \infty$ とします．そして，$x = (s, t, u)$ が x_0 とは異なる S^2 の点ならば

$$f((s,t,u)) = \left(\frac{2s}{1-u}, \frac{2t}{1-u}\right) \in R^2$$

とします．（この対応を「立体射影」と呼びます．北極点に光源を置いて，南極点で球面に接する平面 R^2 の上に $S^2 - \{x_0\}$ を投影する，という対応です．）点 x_0 を除外したので u は 1 ではなく，従って各成分の分数式は $S^2 - \{x_0\}$ の連続写像を定めますが，実はこの対応は（$f(x_0) = \infty$ も含めて）S^2 から $R^2 \cup \{\infty\}$ への全単射であって，f もその逆写像 f^{-1} も，ともに連続写像であることが確かめられます．$f(x_0) = \infty$ の近傍

$U_\varepsilon(\infty) = \{\infty\} \cup \left\{v \in R^2 \mid \|v\| > \dfrac{1}{\varepsilon}\right\}$ には，北極点 x_0 の十分に小さい δ 近傍が「立体射影」f によって入り込むのです．こうして，この f が同相写像であることがわかります．

注意：同様の議論によって，$(n+1)$ 次元座標空間 R^{n+1} の中の n 次元単位球面

$$S^n = \{x \in R^{n+1} \mid \|x\| = 1\}$$

を，n 次元座標空間 R^n に無限遠点を付加した $R^n \cup \{\infty\}$ と同一視することができます．

問題8.2 (1) 閉区間 $[0, 1]$ 方向の成分は決まった定点のままにして，円 S^1 方向にぐるりと一周する道筋が，「本質的に縮まない道筋」の代表的なものでしょう．$M_0 = [0, 1] \times S^1$ の被覆空間として $[0, 1] \times R^1$ がとれること，その R^1 方向の座標が 2π の整数倍である点が M_0 上の閉じた道筋に対応することは，$R^2 - \{0\}$ においてと同様の考察でわかるでしょう．

(2) は，区間方向の成分であるその「決まった定点」を最初から開区間 $(0, 1)$ 上の定点にとっておくだけで，全く同じ考察ができます．

(3) $R^2 - \{0\}$ を極座標表示して，問題 5.1 と同様に対応を作れば，それが同相対応を与えます．

問題8.3 トーラス面 T^2 を問題 4.6 の座標で表現しておいて，トーラス面をその (Y, Z) 座標が YZ 平面上で原点からの距離が a より遠い部分と近い部分の二つに切り分けます．つまり，「輪の外側まわりの部分」と「輪の内側まわりの部分」に分けるのです．すると，その「輪の外側ま

わりの部分」だけに注目して，半円状のカーブをまっすぐな線分に変形すれば，それが「帯」と同相であることがわかるでしょう．（境界を含む帯 $[0, 1] \times S^1$ になるか境界を含まない帯 $(0, 1) \times S^1$ になるかは，トーラス面を切り分ける際に切り口の境界部分を「輪の外側まわりの部分」に含めたか含めなかったかによって決まります．）

こうして，(同相対応による変形を経由しますが)「帯」がトーラス面の部分集合とみなせます．そこで，それぞれの被覆空間を考えると，帯の被覆空間 $[0, 1] \times R^1$ または $(0, 1) \times R^1$ は，単にトーラス面の被覆空間 $R^2 = R^1 \times R^1$ の，y 座標成分はそのままに，x 座標成分だけを区間 $[0, 1]$ または $(0, 1)$ に制限したものに過ぎないことがわかります．

従って，基本群についても，帯の基本群である $\pi_1(R^2 - \{0\}, c) = \{g^n | n \in Z\}$ が，トーラス面の基本群 $\pi_1(T^2, c) = \{f^m g^n | m, n \in Z\}$ のうちの $m = 0$ の部分に過ぎないこともわかります．

問題8.4 問題8.3で，帯 $(0, 1) \times S^1$ すなわち平面から一点を除いた図形 $R^2 - \{0\}$ の基本群の要素 (つまり「穴を一周する道筋」) がそのままトーラス面 T^2 での「輪の外側まわりを一周する道筋」，つまり $\pi_1(T^2, c) = \{f^m g^n | m, n \in Z\}$ の要素 g に対応したのと同様に，平面 R^2 から二点を除いた図形 $Y = R^2 - \{(0, 0)\} - \{(1, 0)\}$ と，2人乗りの浮き輪の表面 K_2 とのそれぞれで被覆空間を考えれば，Y の左側の「穴」$(0, 0)$ を一周する道筋が K_2 では左側の「輪」を輪方向に一周する道筋に対応し，Y の右側の「穴」$(1, 0)$ を一周する道筋が K_2 では右側の「輪」を輪方向に一周する道筋に対応することがわかります．この被覆空間どうしの対応に，第8章で問題8.3の前に紹介した**「事実」**を当てはめれば，Y の基本群が K_2 の基本群の部分群として含まれることが示せます．

問題8.5 第2章で紹介した「**事実**」の考え方を，平面に「穴」が2個ある図形 $Y = R^2 - \{(0, 0)\} - \{(1, 0)\}$ にも類推して当てはめてみると，台の上に2本の柱が立っていて，そこに紐を這わせることが，Y の被覆空間のモデルになることがわかります．先に左の柱に紐をかけて，あとから右の柱に紐をかけた場合と，左右を逆にしてかけた場合とでは，柱と柱の真ん中のところで右下から左上へ走る紐と，左下から右上へ走る紐とでどちらがどちらの上に来るかが逆になっています．けれども，2つの柱から紐を外さないままで，下を走っている紐を上を走っている紐の上へ持って来ることは不可能です（そのためには紐が紐を「通り抜ける」ことが必要になります）ので，結局 $Y = R^2 - \{(0, 0)\} - \{(1, 0)\}$ の道筋としては「先に左，あとで右」という道筋と「先に右，あとで左」の道筋とは決して連続的な変形でうつり合わないことがわかります．つまり，Y の基本群 $\pi_1(Y)$ においては積 $\alpha\beta$ と積 $\beta\alpha$ とが等しくないわけで，これは交換法則が成立しない群なのです．

「2人乗りの浮き輪の表面」K_2 の基本群は，問題8.4によって今の Y の基本群を部分群として含んでいます．部分群で交換法則が成立しないのならば，当然ながらそれを含んでいる群 $\pi_1(K_2)$ でも交換法則が成立しません．$\pi_1(Y)$ は複雑な群ですが，$\pi_1(K_2)$ はそれよりももっと複雑な群なのです．

問題8.6 球面 S^2 のオイラー数は，第10章に計算してある通り，$\chi(S^2) = 2$ です．

トーラス面 T^2 のオイラー数を計算するために，これを（それと同相な）複体に分割しましょう．例えば次の図のように分割すれば

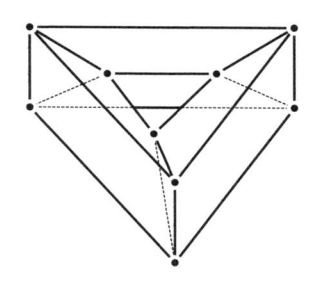

$\chi(T^2) = 9 - 18 + 9 = 0$ と計算できます．

もう一つ，射影空間 $P^2 = M_1 \cup_{S^1} D^2$ ですが，これは M_1 と D^2 をそれぞれに複体に分割しておいて，それらを S^1 の部分で貼り合わせることによって，P^2 と同相な複体を得ます．

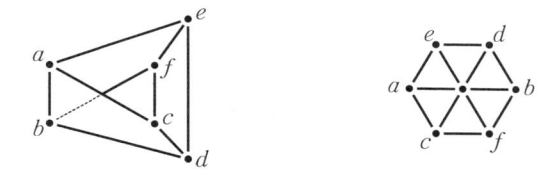

左側がメビウスの帯 M_1 と同相な複体で，そのオイラー数は $\chi(M_1) = 6 - 9 + 3 = 0$ です．右側が円板 D^2 と同相な複体で，そのオイラー数は $\chi(D^2) = 7 - 12 + 6 = 1$ です．貼り合わせる「のりしろ」は S^1 と同相な複体で，そのオイラー数は $\chi(S^1) = 6 - 6 = 0$ です．従って，射影空間 $P^2 = M_1 \cup_{S^1} D^2$ のオイラー数は $\chi(P^2) = (6-9+3) + (7-12+6) - (6-6) = 1$ と計算できます．

問題8.7 クラインの壺と同相な複体としては，問題 8.6 でのトーラス面 T^2 に同相な複体と比べて，頂点や辺や面の個数は同じで，ただ貼り合わせる際に裏返すことだけが違う，そういうものを選ぶことができ

ます．従って，クラインの壺 B_0 のオイラー数はトーラス面 T^2 のオイラー数と同じで，$\chi(B_0) = 9 - 18 + 9 = 0$ です．

さて，リストされた曲面たちは，球面 $S^2 = K_0$ または射影空間 $P^2 = L_0$ またはクラインの壺 B_0 のいずれかに，n 回だけ「手術」の操作を施してできるものでした．ですから，それらのオイラー数を知るためには「1回手術を施すとオイラー数はどう変化するか」ということを調べればよいのです．

手術の操作は，2個の円板を除去してから，そこに筒を貼り付ける，というものでした．円板を三角形で，筒を三角柱で複体近似しておくならば，2個の円板を（境界も込めて）除去することでオイラー数の計算は $2(3-3+1) = 2$ だけ少なくなり，三角柱を（境界も込めて）貼り付けることでオイラー数の計算は $6-9+3=0$ だけ増えます．差し引き，1回の手術でオイラー数は2だけ減ることになります．従って，この問題の答は

$$\begin{cases} \chi(K_n) = 2 - 2n, & （2以下の偶数を動く）\\ \chi(L_n) = 1 - 2n, & （1以下の奇数を動く）\\ \chi(B_n) = 0 - 2n, & （0以下の偶数を動く）\end{cases}$$

となります．

問題9.1 ドーナツ状の物体（"solid torus" と言います）W を考えて下さい．この W は境界をもつ多様体で，その境界はトーラス面 T^2 です．つまり，W によって「T^2 は空集合と bordant」と考えることができます．

次に，そのドーナツの内部に虫がいて，ドーナツの中身の一カ所（外からは見えない，本当の中身の一部）に球状の空洞を掘ったとします．

こうして空洞のできたドーナツ W' は境界をもつ 3 次元の多様体で，その境界は「外側」のトーラス面 T^2 と「内側」の球面 S^2 とから成っています．これで，bordant の定義の条件が満たされましたので，トーラス面 T^2 と球面 S^2 が bordant であることがわかりました．

注意：第 8 章で扱ったコンパクト曲面の分類定理 (問題 8.7 参照) のリストにある一連の曲面たちのように，互いに「手術」の操作でうつり合うような多様体どうしは互いに bordant です．なぜなら，M に手術を施して M' を作ったとすると，今の問題 9.1 での $M = S^2$ と $M' = T^2$ に対するものとまさしく同様の方法で，M と M' の間の「膜」，つまり境界を持つ 3 次元多様体 W が作れるからです．従って，コンパクト曲面の分類定理にリストされたもののうち，曲面 K_j はすべて球面 S^2 と bordant (従って空集合とも bordant)，曲面 L_j はすべて射影空間 P^2 と bordant，曲面 B_j はすべてクラインの壺 B_0 と bordant，ということがわかります．

問題 9.2　3 次元球体 D^3 の境界が球面 S^2 ですから，球面 S^2 は空集合と bordant です．従って，もしも射影空間 P^2 が球面 S^2 と bordant であれば，射影空間 P^2 は空集合と bordant，つまり，境界を持つ 3 次元の多様体 W で，その境界が射影空間 P^2 となるようなものが存在することになります．そこで，この問題を解くにはそのような W が存在しないことを示せばよいのです．

ところが，問題 8.6 で計算したように，射影空間 P^2 のオイラー数は $\chi(P^2) = 1$ です．実は，一般に「偶数次元の多様体 P が境界を持つ多様体 W の境界になっているならば，P のオイラー数が奇数になることはあり得ない (偶数でなければならない)」ということが証明できますの

で，それに $\chi(P^2)=1$ を当てはめれば W が存在しないことが結論できます．

残念ながら，この本で紹介した範囲の知識ではその証明は無理のようですが，「そのようなものはありそうにない」という感覚だけでも持ってもらえたら，今の段階では十分だと思います．興味のある方はトポロジーの専門書を探してみて下さい．

問題9.3 $\overline{M} = M \cup \partial \overline{M}$ は，コンパクトな（境界付き）多様体である限り，標準的座標近傍（第7章の多様体の定義における $U_\varepsilon(x) \cap M$，あるいはその境界付きを込めた意味でのもの）を**有限個**集めて出来上がっています．

一つ一つの標準的座標近傍は，座標空間 R^n と（あるいは境界付きの場合はその半空間と）同相ですから，特にその基本群は有限生成の群です．

ところが，「無限人乗り浮き輪 K_∞」には無限個の「輪」がありますので，その基本群は無限個の要素で生成されています．そのことはどのような境界 $\partial \overline{M}$ を貼り付けても変わりませんので，境界を貼り付けた後に有限生成の群になることはあり得ません．

問題9.4 これは，まさに第9章に書いた「ε–変形」の模式図の通りに作ればよいのです．つまり，あたかも $M = K_\infty$ の "end" すなわち $V_n = \cup_{j>n} U_j$ が座標空間 R^3 のある一点 P に「収束」するような具合に写像 $f: M \longrightarrow R^3$ を作ればよいだけです．

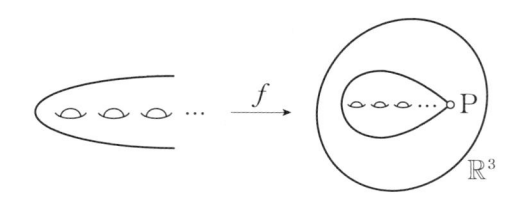

この図のようにすれば，"end"の部分は一点 P の近傍に「収束」していきます．すると，写像 f は定義域を M にして考える限りはその各点で埋め込みになっていますが，"end"の先の方に行くに従って無数の U_j たちが点 P の ε 近傍の内部にひしめきあっていくわけです．つまり，ごく狭い ε 近傍に無数の「穴」を詰め込むようにしているのですから，たとえこの問題 9.4 の条件は満たしていても，これは扱いやすい状況とは言えません．

この"end"は，決して"tame end"ではなく，むしろ非常に"wild"なものなのです．

問題10.1 (1) ポテンシャル関数 $F(x, y)$ は，O を始点とし (x, y) を終点とするような経路 C に沿ったベクトル場 $\vec{v}(x,y) = (P(x,y), Q(x,y))$ の線積分

$$\int_C (P(x, y)dx + Q(x, y)dy)$$

として定義されています．これを x で偏微分するというのは，y を固定して x を微小量だけ動かし，その際の関数の値の変化率を見ればよいのです．（$\mathrm{rot}\,\vec{v} = 0$ であったので）経路 C が途中どこを通るかは自由に選んでよいですから，最後のところでは y を変化させずに x 方向のみを動くようにして変化率をとってもかまいません．すると，まず y が変化しないので $Q(x, y)dy = 0$ となり，$\int_C P(x, y)dx$ の方の

変化率は (x での積分を微分するのですから) $P(x, y)$ となって，結局 $\dfrac{\partial F}{\partial x} = P(x, y)$ がわかります．$\dfrac{\partial F}{\partial y} = Q(x, y)$ の方も全く同様ですから，両者を合わせて $\operatorname{grad} F = \vec{v}$ が言えました．

(2) こちらは，なめらかな関数の偏微分についての公式 $\dfrac{\partial^2 F}{\partial x \partial y} = \dfrac{\partial^2 F}{\partial y \partial x}$ を使えばすぐにわかります．

注意：Green の定理から，定義域が**単連結**な領域の場合は，ベクトル場 $\vec{v}$ が $\operatorname{rot} \vec{v} = 0$ を満たすことと，$\operatorname{grad} F = \vec{v}$ となるようなポテンシャル関数 F が存在することが必要十分条件であることがわかる，というのがこの問題の結果でした．第 10 章の本文でこの問題のすぐ後に説明していますが，定義域の領域が (例えば $R^2 - \{0\}$ のように) 単連結でない場合には，$\operatorname{rot} \vec{v} = 0$ であるのにポテンシャル関数がそのままでは作れない (「多価関数」になってしまう) ということもあるのです．

問題10.2 図形 M_a と図形 M_b の間を「ベクトル場 $\vec{v}(x, y)$ の積分曲線」で結べばよいのです．$\operatorname{grad} F = \vec{v}$ という関係式は，各点 (x, y) においてベクトル $\vec{v}(x, y)$ が常に関数値 $F(x, y)$ が増大する方向を向いている，ということを意味しています．そこで，「関数値が a である部分」M_a から出発して，その各点をベクトル $\vec{v}(x, y)$ が指し示す向きに従って少しずつ ($F(x, y)$ が増大するように) ずらしていけば，M_a は関数値が少しだけ増えた $M_{a+\varepsilon}$ にうつります．ベクトルが零ベクトルでなければ，この対応が全単射であることが言えますので，それを繰り返していけばやがて M_b にまで到達します．各段階での微小変形がすべて全単射，同相ですから，結局 M_a と M_b との間に同相対応が出来上がりま

す．

　この M_a や M_b のことを，2次元平面においては(関数 F の)「**等高線**」と，また3次元空間においては「**等ポテンシャル面**」と呼ぶのが普通です．ベクトル場の零点を横切らない限り，等高線や等ポテンシャル面は関数値 a を動かしても図形として同相なのです．

問題 10.3　極座標表示で $\vec{v} = \dfrac{-k}{r^2}(\cos\theta,\ \sin\theta)$ というベクトル場は $\mathrm{rot}\,\vec{v} = 0$ を満たしていて，そのポテンシャル関数(「**位置エネルギー**」)は $F = \dfrac{-k}{r}$ です．

問題 10.4　第8章で触れたように，トーラス面 T^2 の上には「筒のまわりを一周する」v_x 方向と「全体の輪を一周する」v_y 方向という，二種類の「閉じた道筋」があります．例えば，一様に各点での v_x 方向に進むベクトル場(筒のまわりを一周する道筋を積分曲線とするようなベクトル場)を考えれば，これはすべての場所でトーラス面に接していて，しかもベクトルが零ベクトルになるところはどこにもありません．トーラス面の「回転方向」にベクトルを生やせば「つむじ」はどこにもない，ということです．

　同様に，一様に各点での v_y 方向に進むベクトル場も，零点を持たない接ベクトル場です．また，v_x 方向と v_y 方向以外にも，零点を持たない接ベクトル場は**非常に**たくさんあります．(その中には，積分曲線が何周かして出発点に戻るようなベクトル場もありますし，積分曲線が永遠に出発点に戻らないようなベクトル場もあります．)

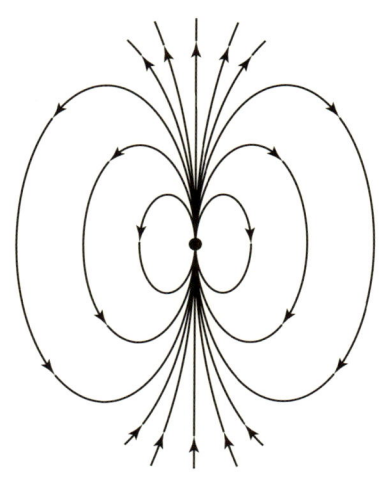

問題 10.5 これはあくまでも一例ですが，北極点のまわりで

のような流れのベクトル場で，それ以外の部分では（向こう側にある南極点の付近も含めて）すべて「縦向きの一様な流れ」になるようなものにしておけば，この北極点以外に零点はありません．

この，中央の零点のまわりで，半径 ε の円周を一周することを考えてみて下さい．その際，円周上を歩いて一周している自分のまわりで，各地点でのベクトルがどちらを向いているかを追跡してみて下さい．（ベクトルの向きは，自分の歩く方向を基準とするのではなく，最初に絶対的な基準の方向を決めておいて，その方向を基準にベクトルの向きがどう変わっていくかを追跡して下さい．）調べてみれば，自分が円周上を歩いて一周するとベクトルの（絶対的な）向きが 2 周していることがわかるでしょう．これが，「その零点でのベクトル場の指数は 2 である」という言葉の意味です．

問題 10.6 縮約の操作で，オイラー数は変わりません．まず，最初の図のように「孤立した枝を根元の頂点に縮める」操作では，頂点の数と辺の数がそれぞれ 1 個ずつ減るだけですから，オイラー数を計算すれば c_0-c_1 は増えも減りもしませんので不変です．次に，二番目の図のように「枝分かれなく連続した 2 辺を 1 つの辺にする」操作でも，やはり頂点の数と辺の数がそれぞれ 1 個ずつ減るだけですからオイラー数は不変です．従って，それらの操作をいくら繰り返してもオイラー数は変わりませんので，縮約前と縮約後で，図形としては変わってもそれらのオイラー数は同一です．

X が連結な 1 次元有限複体ならば，まず孤立した枝をなくし，いろいろな枝分かれの可能性を考えながら順次単純化していけば，もともと全体で有限個しか単体がないのですから，連結なものがすべて標準形に直ることは自然にわかるでしょう．

例えば，問題の中で例示したような標準形の場合は，
$$\chi(X) = 12 - 16 = -4$$
となります．一般に，S^1 と同相な複体ならばオイラー数は 0 で，輪の部分の個数が 1 つ増えるごとに（頂点が 2 個増え，辺が 3 個増えますから）オイラー数は -1 ずつ加算されていきます．輪が n 個ならば，オイラー数は $1-n$ です．

問題 11.1 (1) トーラス面 T^2 は，グローバルに円 S^1 と円 S^1 との直積空間 $T^2 = S^1 \times S^1$ ですから，片方の円 S^1 への直積における自然な射影 $p: S^1 \times S^1 \to S^1$ によってバンドル空間になります．近傍 U_λ としては円 S^1 全体をとればよく，作用は恒等写像のみなので群 G は単位元のみの群 $\{e\}$ でかまいません．

クラインの壺 B_0 は、それに「ねじり（裏返し）」を加えたものなので、底空間は同じ円 S^1 で、ファイバーも同じ円 S^1 ですが、それを（メビウスの帯のバンドル構造で説明したのと同じように）互いにオーバーラップした二つの円弧 U_1 と U_2 で覆い、オーバーラップの一カ所で「ねじって（裏返して）」貼るという群（2個の要素から成る群）の作用を入れることでバンドル構造が入ります。

　n 回ねじりの帯 M_n のバンドル構造は、本文中で説明したメビウスの帯のバンドル構造とまったく同じように作ればできます。円 S^1 が底空間、線分 $I=[0, 1]$ がファイバー、構造群は 2 個の要素から成る群です。実はこの「ねじる」という作用は、(2 個の要素から成る) この構造群の中では 2 回繰り返せば単位元の作用、つまり恒等写像になりますから、もしも n が偶数ならば M_n はねじれのない帯 M_0 とすべて同相、ということがわかります。同様に、n が奇数ならば M_n はすべて（単独の図形としては）メビウスの帯 M_1 と同相になります。

　穴のあいた平面 $R^2-\{0\}$ は、問題 8.2 の結果によって（境界線を含まない）ねじれのない帯 $(0, 1) \times S^1$ と同相になっていますので、M_0 と同様にバンドル空間になります。（ファイバーが閉区間 $I=[0, 1]$ の代わりに開区間 $(0, 1)$ になるだけです。）

(2) 実は、この問題を直接に解くのは非常に難しいです。（ある条件について、「それを満たすものを作る」という問題は一つの例を作れば解けますが、「それを満たすものはどんな方法でも決してできない」ということの証明は難しいことが多いです。）ただ、ここでは、厳密な証明よりも、「K_2 には 2 つの輪があるのに、1 つの円の上に各所均一な局所直積構造を入れることなどできるはずがない」という感覚を持てるようになることの方が大切だと思います。各自、自由に想像をふくらませてみて下さい。

203

ただし，間接的に解く良い方法はあります．例えば，第 12 章に登場するオイラー数の積公式を使えば，そのようなバンドル空間の構造があり得ないことが証明できます．(問題 12.3 を参照して下さい．)

問題11.2 多様体 M の接ベクトルバンドルでは，各点 x でのファイバーはその点での接平面 R^n です．もしも接ベクトル場 $\vec{v}$ が零点を一つも持たないならば，各点 x においてベクトル $\vec{v}$ はそのファイバーの要素であって零ベクトルではありませんから，その接平面 R^n の中で常に 1 次元の部分ベクトル空間 V_x を張ります．

接ベクトルバンドルの中で，各ファイバーごとにこの部分ベクトル空間 V_x をのみに制限して，構造群の作用もそこに制限したものを考えれば，自然にバンドル空間が出来上がります．底空間は接ベクトルバンドルと同じく M で，各点のファイバー V_x はすべて直線 R^1 と同相です．各ファイバーが接ベクトルバンドルのファイバーの部分ベクトル空間で，構造群の作用も両者共通ですから，これは「部分バンドル空間」と呼んでふさわしいものになっています．

問題11.3 (1) 問題 11.1 (1) で述べたように，ねじれのない帯 M_0 と 2 回ねじりの帯 M_2 とは同相で，しかもその対応はそれぞれの (円 S^1 を底空間とし線分 I をファイバーとする) バンドル空間の構造を保ったものとなっています．ですから，第 4 章での対応 $p: M_2 \to M_1$ は，今述べた M_0 と M_2 の同相対応と組み合わせれば，そのままの形で $p: M_0 \to M_1$ というバンドル空間 (被覆空間) を成していることがわかります．
(2) 向き付け可能な曲面から向き付け不可能な曲面への全射が被覆空間

になることはあります（すぐ上の(1)がその例です）が，向き付け不可能な曲面から向き付け可能な曲面への全射が被覆空間になることはあり得ません．局所的には同相な対応なので，全射の値域の向き付け可能曲面における「向き」があれば，それを局所的な同相で引き戻して空間に持ち上げれば，定義域でグローバルに矛盾なく全体の向き付けが決まってしまうからです．

問題11.4 (1) 円 S^1 から円 S^1 へ，「中心角を2倍する」という2対1の写像 ×2 があります．この写像と，線分 $I=[0,1]$ の恒等写像とを組み合わせて，それらの直積である「ねじらない帯」$M_0 = I \times S^1$ から $M_0 = I \times S^1$ への2対1の写像ができます．この写像が，2点をファイバーとし，2個の要素から成る群を構造群とするバンドルになることは，容易に確かめられるでしょう．

(2) 被覆空間 $p: R^2 \to R^2$ について，第12章に登場する「完全列」

$$\pi_1(\tilde{Y}) \longrightarrow \pi_1(Y) \longrightarrow F$$

を考えます．最初の2つの項がいずれも平面 R^2 の基本群で，これは（球面 S^2 の基本群と同じく）単位元のみの群 $\{e\}$ ですから，この「完全列」によってファイバー F も要素が1個しかないことがわかります．従って $p: R^2 \to R^2$ は必然的に1対1の対応で，グローバルな同相写像にならざるを得ません．

問題11.5 例えば2次元平面 $M = R^2$ で，線対称 α と回転対称 β をそれぞれ行列

$$A = \begin{pmatrix} 1 & 0 \\ 0 & -1 \end{pmatrix}, \quad B = \begin{pmatrix} \cos\frac{\pi}{3} & -\sin\frac{\pi}{3} \\ \sin\frac{\pi}{3} & \cos\frac{\pi}{3} \end{pmatrix}$$

であらわされるものとしておくと，行列の積として AB と BA が違うものになることから，これらの対称性が互いに非可換であることがわかります．

問題11.6 図形 M の上で，その各点 x と，その点 x に群 G の要素 g を作用させた点 $g(x)$ とを**同一視**した「**商空間**」を M/G とします．（商空間の正確な定義は，集合や位相に関する教科書を参照して下さい．）すると全射の連続写像 $p: M \to M/G$ ができます．作用が自由であることの定義から，商空間 M/G の各点に対し，そこに値を持つ M の要素たちが，集合として G と 1 対 1 対応します．

（この本では詳しいことは省略していますが）作用の定義から，この 1 対 1 対応が，M におけるその集合の近傍から M/G における一点の近傍と G との直積への同相写像に拡張できることがわかりますので，この G がバンドル空間の定義におけるファイバー F の役割を果たしていることが示せます．

M/G をそのような近傍たちで覆っておけば，異なる近傍どうしでの上記の同相写像による変換は，すべてが G の作用から来ていることによって，G がバンドル空間の定義における構造群となっているという条件も満たしています．

こうして，図形 M が，商空間への射影 $p: M \to M/G$ を通じて M/G を底空間とし，G をファイバーとし，同じ G を構造群とする，バンドル空間の構造を持ちます．

注意：群 G の作用が自由でない場合，例えば固定点集合があるような

場合などは，バンドル空間ができるとは言えません．固定点集合の部分と，自由に作用する部分とで，ファイバー ($p: M \to M/G$ による一点の逆像) が，場所によって違った形の図形になってしまうかもしれないからです．作用が自由な場合にのみ，底空間全体にわたっていたるところで同じファイバー F による直積と局所的に同一視できるという「均質性」が成り立つために，バンドル空間の定義の条件が満たされるのです．

2次元球面 $M = S^2$ で原点対称な2点を同一視した図形を2次元実射影空間 P^2 とする，というのがたいていの文献に書いてある P^2 の定義でしょう．原点対称は「ひっくりかえすか，ひっくりかえさないか」という二者択一による球面への自由な群作用ですから，上記の説明によってこの $p: S^2 \to P^2$ も (2対1の) バンドル空間になります．

このバンドル空間 $p: S^2 \to P^2$ を，球面の座標で「北半球で北緯35度線より南の部分」と「北緯35度線より北の部分」に分けてみて下さい．(射影 p によって P^2 に落とせば，この2つの部分だけで P^2 全体が覆われます．) そこで，この商空間 P^2 の作り方をよく観察してみれば，「北半球で北緯35度線より南の部分」が射影 p でメビウスの帯 M_1 になり，「北緯35度線より北の部分」が円板 D^2 になり，それら両者が「北緯35度線」の円周で貼り合わせられることから，このバンドルの底空間が第8章に登場した

$$P^2 = M_1 \cup_{S^1} D^2$$

という2次元実射影空間 P^2 の定義と合致していることがわかるでしょう．

問題 12.1 第8章の「事実」では，Y の定点 c の逆像 $p^{-1}(c)$ から Y の基本群 $\pi_1(Y, c)$ への写像を「$p^{-1}(c)$ の点に対し，$\widetilde{Y}$ の定点 $\tilde{c}$ からその

点までを結ぶ道筋を作って，それを p によって Y の道筋に落としたものを対応させる」ことで作りました．この第 12 章の定理は，その写像の逆写像を作る際に，Y の道筋どうしが Y の基本群 $\pi_1(Y, c)$ の要素として同じ（つまり連続的な変形で結ばれる）ならば，それらが $p^{-1}(c)$ の同じ点を定めること，従って逆写像 $\pi_1(Y, c) \to p^{-1}(c)$ が「同値」な要素の**選び方によらない**ことを保証するものです．

問題 12.2 逆写像 $\pi_1(Y, c) \to p^{-1}(c)$ を作ろうとする際に，この問題の $p: Y' \to Y$ では困ったことが起こります．Y の基本群 $\pi_1(Y, c)$ の要素として「11 回まわる道筋」を考えると，その道筋を定理の図のようにして Y' の道筋に「持ち上げ」ようとしても，Y' は地上方向にも地下方向にも「10 階」止まりなので，「11 階まで登る」ことができず，そのために逆写像 $\pi_1(Y, c) \to p^{-1}(c)$ が作れないのです．

　第 4 章の被覆空間の定義では，「$\widetilde{Y}$ 上の任意の点に対して，その点の十分小さい近傍を選べばその範囲では射影 p が同相写像になっている」としてありました．この問題の $p: Y' \to Y$ もそれは満たしているのですが，今の困った問題が起こる原因は，Y' 上に任意の点を選べばその近傍では同相対応だけれども，先に Y の方に任意に点を選んでおいて，その上に乗っている Y' の点を探してみると，場所によっては（具体的には「10 階」止まりの行き止まりの地点の真下にある Y の点では）射影 p が同相対応を集めたものになっておらず，地上 10 階のところや地下 10 階のところでは，円板と半円板という，全単射でない対応も含まれているということなのです．

　そこで，第 8 章の「事実」を満たすような「良い」被覆空間であるためには，「底空間 Y の点に対してその点の十分小さい近傍を選べば，その

近傍の逆像は $\tilde{Y}$ の開集合を何個か集めたものになっていて，その一つ一つの上で射影 p が同相写像になっている」という風に定義を強化する必要があります．このような追加条件を満たすものを，**正則** (regular) な被覆空間と呼ぶことがあります．

それから，この問題 12.2 で扱った例については当てはまりませんが，第 8 章の「事実」を満たすような「良い」被覆空間であるためには（正則な被覆空間であることの他に）もう一つ重要な条件が必要です．

それは，被覆空間 $\tilde{Y}$ の基本群が自明な群である，つまり $\pi_1(\tilde{Y}, \tilde{c}) = \{e\}$ という条件です．もしもこの条件が満たされていないと，最初に $p^{-1}(c)$ から $\pi_1(Y, c)$ への写像を作る際に「$\tilde{Y}$ での道筋を p によって Y の道筋に落とす」という作り方がうまくいきません．$\pi_1(\tilde{Y}, \tilde{c})$ の要素が e だけとは限らず，何個かの互いに連続的な変形で結べない道筋がある場合は，それらを p によって Y の道筋に落としたものが Y の道筋としても結べず，$\pi_1(Y, c)$ への写像を定義してくれないからです．

この本で扱った例の中でこの条件を満たさないのは，2 回ねじりの帯 M_2 からメビウスの帯 M_1 への 2 対 1 の写像 $p: M_2 \longrightarrow M_1$ です．これは（正則な）被覆空間ですが，2 回ねじりの帯 M_2 の基本群は $\pi_1(M_2) = Z$ （整数全体）であって自明な群ではありません．この例を別にすれば，この本に登場した多くの被覆空間の具体例は（問題 4.5，問題 11.3 (1)，問題 11.4 (1) に登場したものを除いて）すべて $\pi_1(\tilde{Y}, \tilde{c}) = \{e\}$ の条件を満たしています．

正則な被覆空間がこの条件も満たすとき，その $\tilde{Y}$ を**普遍** (universal) な被覆空間と呼びます．

問題 12.3

(1) 問題 8.7 の結果により，その分類定理のリストに登場する曲面のオイラー数はすべてわかっています．そこで，そのような曲面 M が，F をファイバーとし，球面 S^2 を底空間とするバンドル空間となっていたと仮定します．S^2 のオイラー数は 2 ですから，オイラー数の積公式によって $\chi(M) = \chi(F)\chi(S^2) = 2\chi(F)$ となります．ところが，ファイバー F は M の中の $p^{-1}(c)$ という形の図形ですから，問題 6.1 (2) によって閉集合です．従って，M がコンパクトなので，問題文中に紹介した事実によって F もコンパクトです．ところが，M も $B = S^2$ もともに 2 次元多様体であって，バンドル空間ならば局所的に M の開集合が B の開集合とファイバー F との**直積**なのですから，F は 0 次元多様体，つまり**離散**な点の集まりにならざるを得ません．しかも F はコンパクトなので，この F は**有限個**の点の集まりでなければならないことがわかります．

その個数を s とすると，オイラー数の定義によって $\chi(F) = s$ です．これをさきほどの結果に代入すると $\chi(M) = 2s$ となりますが，空集合でない F の要素の個数は $s \geq 1$ なので $\chi(M) \geq 2$ となります．そこでこれを問題 8.7 の結果と照らし合わせれば，そうなる可能性があるのは $\chi(S^2) = 2$ のみであることがわかります．

(2) 円 S^1 のオイラー数は 0 ですから，(1) と同様にして $\chi(M) = \chi(F)\chi(S^1) = 0$ となります．問題 8.7 の結果と照らし合わせれば，M がこれを満たす可能性があるのは $\chi(T^2) = 0$ と $\chi(B_0) = 0$ しかあり得ません．

注意

(1) で $M = S^2$ の場合は，恒等写像 $S^2 \longrightarrow S^2$ がバンドル空間です．（ファイバーは一点です．）

(2) のトーラス面 T^2 とクラインの壺 B_0 については，問題 11.1 (1) で

考えたように，いずれも底空間が S^1，ファイバーもやはり S^1 の，バンドル空間の構造があります．

問題12.4

(1) この写像 $p: R^1 \longrightarrow S^1$ は，第4章で $e^{x+iy} = e^x(\cos y + i \sin y)$ によって定義した被覆空間 $V = R^2 \longrightarrow R^2 - \{0\}$ (問題4.2を見て下さい)を，$V = R^2$ の y 軸上(つまり $x = 0$)に制限したものになっています．これは，その $V = R^2 \longrightarrow R^2 - \{0\}$ が被覆空間であったのと全く同様の理由で被覆空間(従ってバンドル空間)になっています．(また，見方を変えれば，問題4.6の被覆空間 $p: R^2 \to T^2$ で定義域の xy 平面 R^2 を x 軸のみ(あるいは y 軸のみ)に制限した $R^1 \to S^1$ と見ることもできます．)

そのファイバー $F = p^{-1}(c)$ は，数直線 R^1 上で「2π の整数倍の集まり」$2\pi Z$ となります．もちろん，これは集合として(群として)は Z と同型のものです．

(2) $p^{-1}(U)$ の要素とは，M の中で c を始点とし，U の中に終点を持つような道筋のことです．ここで U は円 S^1 の一点の ε 近傍なので，ごく小さな開円弧です．そこで，「まずその円弧をその中央の点に縮めてから，その中央の点を円周上を通って基点 c まで結ぶ」という道筋を作ることができます．U 上の各点 x に対して，その点 x と基点 c を結ぶその道筋を γ_x とします．(ただし，円周上のどちら側を通って基点 c まで結ぶかは，近傍 U ごとに勝手に選んで決めておきます．)こうしておけば，各近傍 U の中では点 x が連続的に動いても経路 γ_x もそれに応じて道筋として**連続的に**変化します．また，経路 γ_x を逆向きにたどる経路を γ_x^{-1} としておきます．

$p^{-1}(U)$ から $U \times \Omega(S^1; c, c)$ への対応を，$p^{-1}(U)$ の要素である経路 ω に対して，「ω の終点」（これは U の要素です）と「ω と γ_x をつないだ経路」（ω の始点は c，終点は x，γ_x の始点は x，終点は c ですから，つないだ経路は $\Omega(S^1; c, c)$ の要素です）とを対応させて定義します．逆に，$U \times \Omega(S^1; c, c)$ から $p^{-1}(U)$ への対応を，$U \times \Omega(S^1; c, c)$ の要素 (x, ω) に対して「ω と γ_x^{-1} をつないだ経路」（ω の始点は c，終点も c，γ_x^{-1} の始点は c，終点は x ですから，つないだ経路は $p^{-1}(U)$ の要素です）を対応させて定義します．

　　これらは互いに厳密な意味での逆対応ではありませんが，「$\gamma_x^{-1}\gamma_x$ を 0 と同一視すれば」逆対応に近いものとみなせます．「同じ経路を行きつ戻りつする」道筋 $\gamma_x^{-1}\gamma_x$ が，「定点にじっとしている」道筋 0 に「連続変形」できるからです．

　　このことから，$p^{-1}(U)$ と $U \times \Omega(S^1; c, c)$ とは同相ではありませんが，「連続変形（ホモトピー）の意味で同相に近い」ものであることがわかります．つまり，$p: \Omega(S^1, c) \longrightarrow S^1$ はバンドル空間ではありませんが，「ホモトピーの意味でバンドル空間に近い」ものである，ということです．

問題12.5　問題 12.4 (2) で「同じ経路を行きつ戻りつする」道筋を連続変形で一点につぶすことを考えましたが，（細かいことは気にしないことにして）その両者を大胆に「同一視」してしまえば，円周上の閉じた道筋の空間 $\Omega(S^1; c, c)$ の要素がすべて円周上を**等速で**基点 c から基点 c まで何周かまわる経路に「変形」できる，と考えられます．（問題 12.4 (2) で，基点 c 自身の近傍 U_c については経路 γ_x を「U_c をただそのまま点 c につぶす」ものに選んでおけば，点 c においては問題 12.4 (2) で作っ

た対応は単純に「閉じた経路 ω にそれ自身を対応させる」ものになります．)

第10章で線積分 $\int_C d\theta$ を計算して回転数を計算したように，今考えている S^1 上の(等速でまわる)経路に沿って微小な中心角を積分すれば，実数値が得られます．その S^1 上の経路が閉じた(始点と終点が一致する)経路ならば，整数値の「回転数」が得られます．その構成のしかたをよく見れば，これが問題 12.4(1) の被覆空間 $Z \subset R^1 \to S^1$ にそのまま対応していることがわかるでしょう．

また，ここでは $M = S^1$ の場合だけを考えましたが，もっと一般の M，例えば $M = T^2$ のような曲面上でも，同じように曲面上の経路積分を使ってファイバー空間を調べて曲面の幾何学を研究することができます．もちろん，より複雑な多様体 M 上ではより複雑な問題になるのですが，基本的な方針は同じです．つまり，**幾何学的**に興味のある対象である「道筋の空間」

$$\Omega(M; c, c) \subset \Omega(M, c) \xrightarrow{p} M$$

について，例えば**積分**という計算手段を使うことで，それを非常に単純な**代数学的**モデル，例えば

$$Z \subset R^1 \to S^1$$

のようなモデルに結び付けるという方針です．このようにして，より単純化されたモデルに結び付けることができれば，複雑な図形の幾何学にも，少しずつ研究の手が伸ばせるというものでしょう．

こうした際に，(例えば積分の計算のように)両者の橋渡しをしつつ，局所と大域を結び付けるために最も基本的な手段となってくれるのが，$\varepsilon\delta$ 論法です．今後，皆さんがどんな方向に進まれても，きっと $\varepsilon\delta$ 論法が，あちこちで息づいていることに気付かれると思います．

索 引

あ行

Eilenberg's Swindle 107, 111
一様連続 57.73
ε-変形 111
end 105
オイラー数 123, 149
オイラーの公式 41

か行

開集合 68
完全列 147
基本群 95, 140
球面 89, 191
クラインの壺 101
Green の定理 117
交換法則 97
弧状連結 81
固定点集合 137
コンパクト 70

さ行

射影空間 100, 139
写像度 20
収束する 5, 11, 28, 112, 198
手術 90
巡回群 96
切断 134
線積分 115

た行

多様体 82
単純閉曲線 116
単連結 117
中心角 14

tame end 106
同相 53, 78, 89
トーラス面 49, 84, 91, 93

な行

内部 106

は行

バンドル空間 132
微小変化 16
被覆空間 42, 134
ファイバー空間 151
分類 77
閉集合 66
平面 104
ベクトル場 116
Poincaré-Hopf の定理 124
ポテンシャル関数 118
ホモトピー 141
bordant 108

ま行

道筋 15, 140
無限遠点 90
メビウスの帯 22, 47, 99, 128

や行

有界 65

ら行

らせん階段 39
ループ空間 152
連結 80
連続 27, 29, 56

214

著者紹介：

永田雅嗣（ながた・まさつぐ）

1978 年　京都大学大学院
　　　　　理学研究科修士課程
　　　　　数学専攻修了
1987 年　シカゴ大学 Ph.D.
専　攻　位相幾何学（トポロジー）
現　在　京都大学　数理解析研究所　助教

ε-δ 論法からトポロジーへ

	2014 年 4 月 30 日　　初版 1 刷発行
検印省略	著　者　　永田雅嗣
	発行者　　富田　淳
© Masatsugu Nagata, 2014	発行所　　株式会社　現代数学社
Printed in Japan	〒606-8425 京都市左京区鹿ヶ谷西寺ノ前町 1
	TEL 075 (751) 0727　　FAX 075 (744) 0906
	http://www.gensu.co.jp/
	印刷・製本　　モリモト印刷株式会社
ISBN 978-4-7687-0435-6	落丁・乱丁はお取替え致します．